全球能源进程下中国能源安全问题研究

胡晓晓◎著

光明日报出版社

图书在版编目（CIP）数据

全球能源进程下中国能源安全问题研究 / 胡晓晓著
. -- 北京：光明日报出版社，2023.3
ISBN 978-7-5194-6885-9

Ⅰ.①全 … Ⅱ.①胡… Ⅲ.①能源 – 国家安全 – 研究
– 中国 Ⅳ.① TK01

中国版本图书馆 CIP 数据核字（2022）第 212579 号

全球能源进程下中国能源安全问题研究
QUANQIU NENGYUAN JINCHENG XIA ZHONGGUO NENGYUAN ANQUAN WENTI YANJIU

著　　者：胡晓晓

责任编辑：李月娥　　　　　　　　责任校对：慧　眼
封面设计：李彦生　　　　　　　　责任印制：曹　净

出版发行：光明日报出版社
地　　址：北京市西城区永安路 106 号，100050
电　　话：010-63169890（咨询），010-63131930（邮购）
传　　真：010-63131930
网　　址：http://book.gmw.cn
E - mail：gmrbcbs@gmw.cn
法律顾问：北京市兰台律师事务所龚柳方律师

印　　刷：北京建宏印刷有限公司
装　　订：北京建宏印刷有限公司
本书如有破损、缺页、装订错误，请与本社联系调换，电话：010-63131930

开　　本：170mm×240mm　　　　　　印　　张：14.5
字　　数：265 千字
版　　次：2023 年 3 月第 1 版
印　　次：2023 年 3 月第 1 次印刷
书　　号：ISBN 978-7-5194-6885-9

定　　价：79.00 元

前　言

　　能源安全是关系国家经济社会发展的全局性、战略性问题。中国富煤贫油少气，能源对外依存度高，国际能源贸易频繁，能源安全受到国际能源局势的深度影响。面临全球百年未有之大变局，全球能源进程进入加速阶段。识别全球能源局势的演变特征与趋势，厘清其多维表现及对中国能源安全的影响路径，测度不同能源局势表现形式对能源安全的影响效应，对新时代中国深化"四个革命、一个合作"的能源安全新战略，构筑开放条件下面向中长期的国家能源安全保障体系具有重要意义。

　　本书综合政治经济学、能源经济学和环境经济学等跨学科理论，采用文献计量分析、归纳与演绎分析、案例分析法等研究方法，定性与定量相结合，从不同视角分析全球能源进程下中国能源安全受到的影响。主要聚焦能源冲突通过"多元博弈—能源网络—经济关联"的传导效应对中国能源供给安全的影响、美国的能源角色转变和地位提升对中国隐含能源安全的冲击、碳中和目标约束下全球可再生能源大规模部署的"供给—需求"双重冲击对中国综合能源安全的多维影响三个关键科学问题。主要研究内容包括以下四方面。

　　第一，选取全球能源进程中的典型事实，结合文献计量分析结果，归纳围绕"全球主要国家围绕能源转型而进行的国家战略利益布局再调整"这一逻辑主线形成的能源局势演变特征，厘清其对中国能源安全的影响路径与影响结果。

第二，立足当前能源进程中的化石能源生产竞争激烈的演变特征，分析竞争格局下国际能源冲突对中国能源安全的影响。选取美伊冲突作为研究案例，从能源局势中核心国家战略利益角度假设可能出现的冲突演变情景，利用全球一般均衡模型评估美伊冲突通过全球能源贸易对非直接参与国（中国）能源安全的影响。

第三，根据当前全球化石能源生产重心重组的能源进程特征，基于隐含能源国际流动视角评估美国页岩油革命对中国能源安全的影响。利用 EMIIO-MRIO 模型揭示能源局势中的石油供给重心转移通过国际能源贸易网络对隐含能源安全的影响。

第四，构建碳中和目标约束下包含能源供应、消费及环境三重维度的新型能源安全评价指标体系，综合采用向量自回归脉冲分析和主成分分析法，实证检验了国际可再生能源供给与需求冲击对中国能源安全多维度的异质性影响及其持续时间，探讨碳中和目标对中国能源安全的长期性影响及发展趋势。

本书从时间和空间双重维度呈现了能源进程中国家能源竞争与合作、能源贸易中表观与隐含流动、国家能源博弈中主体与客体多类状态下中国能源安全可能受到的影响。主要的研究发现包括：

（1）全球能源进程呈现出复杂性，并对中国能源安全造成多维度影响。在能源转型和全球能源供需重心转移双重变量的影响下，当前全球能源进程具有三种表现：化石能源生产重心重组、化石能源生产竞争和可再生能源全球部署，并分别通过全球能源贸易、隐含能源流动和能源结构调整三种路径影响中国能源安全，从化石能源贸易与供给安全、隐含化石能源依赖和整体能源安全三方面影响中国能源安全。

（2）当前能源转型进程中，化石能源资产面临被大量搁浅的风险，引发了化石能源生产国对剩余潜在的化石能源利益追逐和局势冲突的发生，进而导致全球能源供应不稳定和价格波动，并威胁到中国的能源供给安全和经济增长。本书选取美国和伊朗自2018年以来发生的政治冲突作为研究案例，结果表明：美国对伊朗的石油出口制裁对中国的能源安全和经济增长产生了威胁，但其负面影响相对有限，石油供应和GDP分别减少了1.033%和0.047%。如果其他波斯湾国家的闲置石油产能被利用，中国石油进口来源将从伊朗转移至其他波斯湾国家，同时上述影响将被极大缓解，GDP仅减少0.024%。然而，一旦霍尔木兹海峡的能源运输被扰乱，全球能源贸易将受到剧烈冲击，中国能源的生产、贸易和供应也将出现大幅波动。这一结论对当前俄乌冲突及西方对俄罗斯的制裁等事件对中国能源安全的影响有重要启示意义。

（3）页岩油气的开发改变了全球化石能源供应格局，并通过隐含能源流动影响到中国能源产业的供应和消费。页岩油气的利用，改变了传统的能源生产中心位置和能源权利的空间分布，并通过错综复杂的贸易网络影响国家之间隐含能源流动的依赖性和多样性。从依赖性来看，美国页岩油革命导致中国生产侧隐含能源和消费侧隐含能源对外依赖程度变高，尤其是对美国、加拿大、墨西哥、巴西等国家的隐含能源出口依赖；从多样性来看，中国向美国隐含能源进口占消费侧能源消耗比值稳定在92%左右，集中度极高。这表明页岩油革命后中国直接进口美国的石油增幅有限，但隐含能源进口大幅增加且从顺差变为逆差，隐含能源安全风险陡升，并进一步威胁中国的经济安全。

（4）可再生能源的全球大规模部署对未来中国能源安全产生多维度的影响。在当前碳中和背景下，国际可再生能源供给结构转变对中国能源安全有着短期的正面影响。其中，国际可再生能源生产冲击在短期内会小幅提升中国总体能源安全，而需求冲击则没有表现出类似的效果，且生产冲击的影响持续时间相对较长（超过5年）。从供应安全来看，国际可再生能源生产冲击减少了中国12.6%的能源贸易，而需求冲击增加了15%的能源生产弹性；从消费安全来看，国际可再生能源生产冲击降低了中国102.6%的原油价格波动，需求冲击则增加了279.5%的原油价格波动；从环境安全来看，国际可再生能源生产冲击增加了中国

14.9% 的清洁能源占比，而需求冲击的影响则为 19.1%；此外，相较于总体能源安全，细分指标受到的冲击持续时间普遍更长，部分指标如外汇储备和原油对外依存度等受到的影响可超过 20 年。

基于上述结论，本书的对策建议如下：第一，实时追踪化石能源局势事件动态演变，建立化石能源安全风险长效预警机制，从进口、投资、生产、储备多个维度保证能源供应安全。第二，搭建能源贸易网络合作体系，建立互信互惠的能源贸易伙伴关系，构筑新型全球能源命运共同体，提高能源贸易话语权和能源市场主导地位。第三，通过经济增长模式转变和产业结构调整，减少经济对能源消费的过度依赖，避免隐含能源流动在地理空间和支柱产业的过度集中。第四，注重技术提高对能源发展的重要性。针对能源开采、生产、消费等多个环节展开技术研发，提高化石能源清洁力度和能源效率，推进非化石能源使用和消费。第五，长期来看，有序推进能源替代转型，协调短期能源安全和中长期能源安全的关系，稳步推动化石能源的低碳转型和市场退出，合理安排非化石能源的发展和替代。

目　录

第1章　绪论

第2章　理论基础与文献综述

第3章　全球能源局势演变对中国能源安全影响的分析框架

第4章　化石能源竞争对中国能源安全的影响
——以美伊冲突为例

第5章　美国页岩油革命对中国能源安全的影响研究——基于隐含能源流动视角

第6章　碳中和目标下可再生能源发展对中国能源安全的影响

第7章　研究结论与政策建议

第 1 章

绪论

1.1 研究背景与研究问题

1.1.1 研究背景

1.1.1.1 中国在全球能源版图中具有独特性

能源是国民经济的重要支撑。千百年来，人类对能源的利用形式，经历了薪柴、煤炭、石油、天然气和核能的过程，并逐渐增加对风能、太阳能等可再生能源的使用。在世界能源不断发展中，中国作为能源消费和能源贸易大国，在全球能源版图中占有重要地位，表现出独特特征。

世界能源资源分布极不均衡。据BP储量数据，全球石油集中于中东地区，中东地区石油探明储量常年占据全球近50%的比重；天然气集中于中东地区和独联体国家，中东探明储量常年占比40%以上，独联体国家占比约30%；煤炭主要集中于亚太地区及北美洲，2020年亚太地区煤炭储量占全球42.8%，北美洲占23.9%（BP，2021）。进一步看，欧佩克组织（OPEC）掌握着全球70.2%的石油储量，其中委内瑞拉占比最高（17.5%），紧随其后的是沙特阿拉伯（17.2%）和加拿大（9.7%）；俄罗斯（37万亿立方米）、伊朗（32万亿立方米）和卡塔尔（25万亿立方米）则是天然气储量最大的国家；2020年全球煤炭储量为10740亿吨，主要集中在美国（23%）、俄罗斯（15%）、澳大利亚（14%）和中国（13.3%）等少数几个国家（BP，2020）。

中国能源资源禀赋具有"富煤、贫油、少气"的特征。据BP数据，2020年年底中国煤炭全部探明储量1432亿吨、石油探明储量35亿吨、天然气探明储量8.4万亿立方米，分别占全球探明储量的13.3%、1.5%、4.5%。从产量来看，2020年中国一次能源生产中，原煤生产80.91艾焦，石油、天然气分别生产194.8百万吨及1940亿立方米，分别在世界生产总量中占比50.69%、4.68%、5.03%。站在更长的历史尺度看，三种主要化石能源的产量占比在国内能源生产结构中有一定调整但整体保持稳定。从 1982 年到 2020 年，原煤产量占比从 17.45% 逐年上涨至 50.69%，石油占比基本稳定在 4%～5% 之间，天然气占比从 1% 逐渐小幅上涨到 5%。

中国能源供需不平衡、矛盾突出。随着中国勘探与生产技术的进步，中国的能源储量和产量有一定增长，但在世界能源生产版图中的占比变动幅度不大。与此同时，在城镇化、工业化和经济增长等众多因素的影响下，中国的能源消费规模不断扩大。2010 年中国超过美国成为世界第一能源消费大国。自 20 世纪 90 年代起，中国能源供给与需求之间的微弱平衡状态被打破，能源供需不平衡缺口急剧扩大并呈现出连年增长态势，能源供需缺口由 1992 年的 1914 万吨标准煤增加到 2021 年的 91000 万吨标准煤（图 1-1）。原油、天然气、煤炭均呈现出供需不平衡状态（图 1-2、图 1-3、图 1-4）。

中国能源对外依存度极高且仍在增长。由于国内供给总量不足，中国能源对外依存度持续攀升。2012 年一次能源进口总量为 68701 万吨

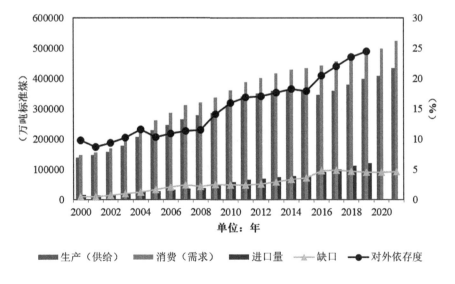

图 1-1 中国一次能源生产、消费、进口、供需缺口量及对外依存度

数据来源：《中国统计年鉴（2021）》、海关总署。

标准煤，对外依存度为 17.08%，到 2019 年上升至 24.42%，七年增加了 43%（图 1-1）。

分能源品种来看，石油、天然气、煤炭均因供不应求需大量从国际市场进口。石油的对外依存度最高，2019 年中国进口原油超 5 亿吨，对外依存度达到 90.07%，为历史最高水平（图 1-2）。因石油消费主要依赖于国际市场供应，所以石油在能源战略中的地位也最为突出。随着原油进口的大幅度增加，进口来源也持续多元化。从进口来源看，中国能源进口来源包括 35 个国家，主要分布于俄罗斯和中东地区（张生玲和胡晓晓，2020）。

近年来，在全球碳排放因素限制下，天然气成为化石能源向可再生能源过渡的优先清洁选择，中国天然气进口贸易规模日益增长，对外依存度快速攀升（张生玲和胡晓晓，2020）。如图 1-3 所示，2006—2019 年，天然气进口量从 9.5 亿立方米到 1331.8 亿立方米，增长超 140 倍。

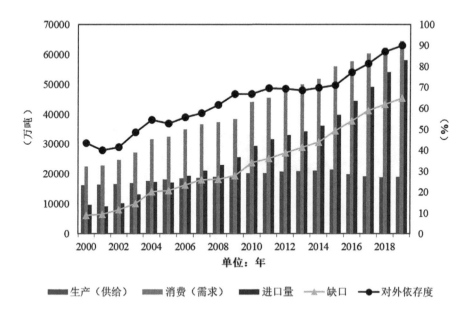

图 1-2　中国石油生产、消费、进口、供需缺口量及对外依存度

数据来源：《中国统计年鉴（2021）》、海关总署。

2018年和2019年，天然气进口量为1246.4亿立方米和1331.8亿立方米，分别增加31.8%和6.8%，对外依存度分别为44.24%和43.53%。从进口来源分布来看，仅澳大利亚、马来西亚和卡塔尔三个国家就为中国提供了高达71.2%的天然气进口（张生玲和胡晓晓，2020）。

煤炭是中国第一大能源，储量和产量规模最大，长期以来发挥着中国能源安全的"稳定器"和"压舱石"的作用。然而，在环保督察工作和去产能政策等多重政治因素的影响下，国内煤炭供给开始呈现偏紧状态，进口煤的补充作用逐渐凸显。2019年中国煤炭进口量达到29977万吨，对外依存度为7.4%，相较2000年增长了136倍。当前，中国成为全球最大的煤炭进口国（张生玲和胡晓晓，2020）。从进口来源来看，中国煤炭进口高度集中在印度尼西亚、俄罗斯、蒙古国、澳大利亚和菲律宾等国。另外，中国每年从朝鲜也进口一定数量的煤炭，煤炭贸易在中国与东北亚区域的国际关系中发挥着重要作用。

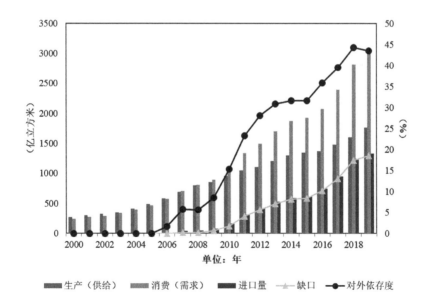

图1-3　中国天然气生产、消费、进口、供需缺口量及对外依存度

数据来源：《中国统计年鉴（2021）》、海关总署。

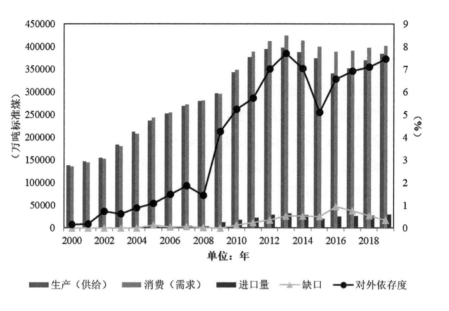

图1-4 中国煤炭生产、消费、进口、供需缺口量及对外依存度

数据来源：《中国统计年鉴（2021）》、海关总署。

1.1.1.2 全球能源局势持续演变

能源资源的生产与消费空间错位导致全球各国对能源资源的激烈抢夺和控制，并推动全球能源局势持续演变。在这个过程中，国家或地区间针对能源在空间层面的战略性占有、控制和交易而采取不同的行为和策略（Ratzel，1897；Mackinder，1904；Ireland，1958；Tuathail，1998；Overland，2019），在全球能源局势中扮演着不同的角色，由此形成了以能源权利为核心的节点网络和复杂关系。

19世纪中期到20世纪中后期，全球能源局势演变以对石油资源的控制为核心开始形成并经历了多次重新布局。该时期可称为传统能源局势时期，能源版图的变迁大致经历了三个阶段。第一阶段为"墨西哥湾时代"，持续时间自1859年的美国宾夕法尼亚打出第一口油井到"二战"之后，这段时期墨西哥湾是世界石油的核心地带，美国基于对墨西哥湾石油生产和供应的垄断控制，迅速提升了在世界政治经济格局中的地位。第二阶段为"波斯湾时代"，标志性事件为 20 世纪中后期中东地区的石油产量迅猛增长，波斯湾地区成为世界能源局势争夺的重点。第三次影响全球能源版图的大事件为 1960 年欧佩克组织（OPEC）的建立及该组织对世界石油市场的有效干预。自此时期开始，全球围绕石油资源的战略博弈态势明显上升且在表现形式上日趋激烈化。两次石油危机、四次中东战争、1980—1988 年两伊战争及石油消费国组织 IEA 的建立，均是该阶段世界大国之间围绕对能源的争夺与控制而在政治、军事、经济层面进行战略博弈的缩影。在上述国际能源局势发展的不同阶段特别是第三阶段，石油输出国组织、石油消费国组织、"维也纳联盟""减产联盟"等形态的国际利益联合体出现，全球能源局势出现了明显的针对性战略阵营，在一定程度上推升了各国之间对国家能源安全的战略考量。同时，天然气作为另外一项重要的能源资源，在俄罗斯、欧盟与美国的战略博弈中也开始扮演着重要角色。

20 世纪后期到 21 世纪以来，全球能源局势演变受政治、技术、环境等因素的综合影响而加速演变，世界同时处在百年未有之能源大变局之中。影响当前全球能源局势演变及走向的关键性事件包括三方面：一是美国页岩油气革命的发生与发展，促使美国石油和天然气产量大幅上升，并迅速成为重要能源出口国，美国的角色转换标志着世界能源生产重心发生重大重组；二是新兴市场国家的经济持续增长，刺激全球能源需求和能源贸易将维持增长态势；三是全球范围内碳中和与大气污染防治深度影响能源转型（Energy transition）进程，可再生能源在世界各国大规模部署（林卫斌和陈丽娜，2016；Goldthau et al.，2019；Mercure，2021）。

美国页岩油气技术在 20 世纪末期取得重大突破，大幅度提高了油气产量。截至 2015 年，页岩油产量占美国原油总产量的比重已经超过 50%。2017 年美国原油生产量超过俄罗斯、沙特阿拉伯，变成了全球最大的石油生产国。2020 年，美国石油出口已经超过石油进口。因页岩气开采技术的进步，美国页岩气产量也大幅增长，2020 年美国页岩气产量占全美天然气总产量的比重已经达到 68.3%。另外，美国天然气出口也保持快速增长趋势，2021 年已取代卡塔尔成为全球最大的 LNG 出口国。美国页岩油革命对全球能源局势演变的影响毋庸置疑。首先，由于存在技术外溢现象，美国页岩油开采技术的进步有利于其他地区的页岩油开采，进而缓解这些地区的油气资源短缺状况。其次，美国页岩油革命通过全球能源贸易网络，使能源消费国可能对美国页岩油革命产生的隐含能源流动产生依赖性。最后，页岩油气革命成功将美国由全球主要的石油进口国转变为全球主要的石油出口国，并进一步助长美国实行侵略性能源外交政策。一是石油生产竞争优势得到明显提升，成功抢占"维也纳联盟"石油生产合作组织的市场份额（张生玲和胡晓晓，2020）；二是利用"能源武器"实施能源制裁，分别对伊朗、委内瑞拉和俄罗斯实施石油和天然气制裁，限制油气生产和贸易活动，争夺主要的油气市场，满足自己的政治需求和经济利益（程承等，2017；李勇慧，2020），给全球能源市场造成了严重冲击。

随着西方发达国家的经济减速，世界能源需求自 2012 年开始有所调整，能源消费增速相较之前显著放缓。不过，新兴市场国家经济发展潜力尚未完全释放，全球能源需求将继续增长。综合 BP、IEA 等权威能源机构预测结果，未来能源消费总量将继续保持增长趋势（林卫斌和陈丽娜，2016；BP，2020）。在旧格局中，包括欧洲、美国、日本、韩国在内的发达国家是全球油气市场的主要需求方，但新兴市场国家能源需求的增长将直接改变原有的全球能源需求格局，特别是亚太地区在将来的经济增长版图中居于核心地位，能源贸易中心开始呈现出从大西洋盆地向亚太地区转移的趋势（张生玲和胡晓晓，2020）。另外，值得注意的是，随着全球经济增长和贸易规模的增加，除了直接能源贸易总量大幅增长外，隐含能源（Embodied energy）的规模也在持续增加。隐含能源是指因产品或服务供给从而在整个生产链中直接与间接消耗的全部能源，包括用于直接生产最终产品的直接能源以及用于制造最终产品的中间产品和服务中的间接能源两部分（王锋和高长海，2020；韩梦瑶等，2020；

Shepard 和 Pratson，2020）。因新冠肺炎疫情、贸易摩擦、经济脱钩等的影响，隐含能源贸易存在着随供应链中断而中断的风险，世界各国对隐含能源的重视程度近年来开始上升。

"能源转型"是指能源系统的重大结构性变化。当前全球处于继"薪柴时代"转向"煤炭时代"又转为"石油时代"后的第三次能源转型时期，即从化石能源向可再生能源的转型。本次能源转型其动力最先源自可能的油气资源枯竭和环境保护的需要，但进入 21 世纪以来越来越受到全球碳中和目标的激励而呈加速趋势（崔守军等，2020）。

全球能源消费结构正在发生转变。一方面，传统煤炭、石油等化石能源消费仍然占据最大的比重，且消费数量整体呈上涨的趋势；另一方面，全球可再生能源消费比重自 2005 年起呈现出持续较快增长态势，未来全球清洁能源消费结构转型升级将更加迅速，但目前其总量相比传统能源仍然较低（图 1-5）。随着《巴黎协定》碳中和目标的提出，传统化石能源的作用从长期来看将逐渐式微，"去煤化"速度加快。2021 年 11 月《格拉斯哥气候公约》首次明确"逐步减少煤炭"。许多国家已经开启了"去煤""弃煤"过程，并明确了具体时间表。一些大型国际金融机构，近年来已经停止了对涉煤项目的投融资。中国也已经对外承诺不再新增境外煤电项目，同时在国内强化了煤炭消费总量控制的目标。据统计，2018—2020 年全球煤炭消费量下降了 7%，减少 5 亿吨左右，是自 1971 年以来的最大降幅水平，预计这一趋势将持续下去。在石油和天然气方面，尽管对石油和天然气的生产削减与消费控制力度不能与煤炭相比，但《巴黎协定》的签署已经确立了其基本趋势，全球国有油气公司也已经率先迈出了转型步伐。以 BP 公司为例，其提出了到 2050 年或更早成为净零排放公司的战略转型目标，计划到 2030 年将上游油气产量减少 40% 左右。与化石能源规模缩减相对应的是，可再生能源成为多数国家实现碳中和目标的普遍性战略选择，世界大国围绕可再生能源的博弈正在加剧。BP 数据显示，2020 年尽管总体能源需求下降，石油、煤炭、天然气等能源消费规模均出现缩减，但以风能、太阳能为主的可再生能源却逆市增长

9.7%，增幅虽低于过去 10 年平均水平（平均每年 13.4%），但能源增量同 2017 年、2018 年和 2019 年相似。同时，风能和太阳能发电量在全球电力结构中的占比也创下新高，装机容量大幅增长 238 吉瓦，高出往年峰值 50%。这样的趋势与世界各国向净零排放过渡的路径相一致：可再生能源实现强劲增长，并取代煤炭、石油，能源转型趋势显著。

由于可再生能源具有"遍在性"，几乎所有的国家和地区都有一定的风能和太阳能资源分布，且其传输形式不依赖于传统的海陆运输方式，类似油气贸易中地理节点的影响基本可忽略。可再生能源的大规模部署使传统油气格局中的能源大国"集团化"博弈格局趋于分散，这对全球性能源安全产生深远影响。

1.1.1.3 中国能源安全问题备受关注

能源安全（Energy security）是关系国家经济社会发展的全局性、战略性问题。迄今为止，能源安全研究领域尚未出现一个被广泛接受的定义。国际能源署、亚太能源研究中心等在关于能源安全的定义中，均把能源

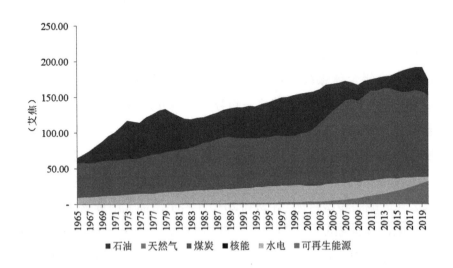

图 1-5　全球能源消费总量变化趋势

数据来源：《BP 世界能源统计年鉴（2021）》。

的可持续供应、能源价格稳定作为国家能源安全的重要判断标准。在较长的时间内，中国也将在国际市场上稳定、低价格地获取能源作为重要战略目标。

自化石能源成为主要的能源消费品种以来，中国的能源安全形势即与全球能源局势紧密相连。历史上，全球能源局势演变的整体变迁以及几次国际能源大事件都不同程度地影响到了中国。尤其是 20 世纪 80 年代后中国国内油价与国际油价接轨，世界石油市场的动荡开始迅速传导到国内。1980—1988 年的两伊战争、2001 年 9·11 事件后的阿富汗战争、2003 年的伊拉克战争以及 2014 年持续至今的俄乌冲突都引起了能源价格的波动，直接影响到中国能源进出口贸易和能源战略布局。鉴于以上影响，围绕石油和天然气的能源运输通道、能源出口国的外交关系与战略投资、世界能源石油价格波动、世界能源定价机制及其结算体系等，中国不可避免地参与全球能源局势演变中，成为全球能源治理的重要参与方。

同时，值得注意的是，随着世界形势的发展，能源安全的内涵与外延在近年来都逐步得到拓展。

首先，与隐含能源贸易规模增加相关的隐含能源安全得到越来越多的关注。隐含能源安全与供应链、产业链高度相关，世界能源格局变动（如两伊战争、阿富汗战争等）会通过影响商品与服务的供应链安全进而间接影响隐含能源安全，对能源贸易大国的影响尤其显著。随着全球经济一体化进程不断加深，中国对外贸易也越来越密切。自 2001 年加入世界贸易组织以来，中国对外贸易总额从 2001 年的 0.51 万亿美元增长到 2021 年的 6.05 万亿美元，目前是世界第一大出口国和第二大进口国。国际贸易背后隐藏着巨大的能源流动，随着中国对外贸易往来越来越频繁，隐含在商品中的能源伴随着贸易在中国与各国间的流动也快速增加。2015 年中国隐含能源净出口量突破 100 Mtoe，相当于 2015 年中国 1/4 的油气进口量（杨宇，2022）。在各种因素的综合作用下，中国的隐含能源安全问题开始凸显。

与直接能源贸易相比，中国的隐含能源贸易进一步扩展到与中国有商品和服务贸易关系的国家和地区，与全球能源的互动更加多元和分散（杨宇，2022）。

其次，将能源安全的维度由供应安全向消费安全、技术安全、环境安全、经济与政治安全等维度进行拓展，并通过构建能源安全指标体系进行测度。在此情境下，除传统的对外依存度等反映能源供应安全的指标外，能源消费结构的合理化、能源技术水平的提高、清洁能源使用等也成为能源安全的重要关注指标。能源消费总量控制、非化石能源占比等随之成为政府的政策控制目标。这些能源安全的不同维度之间互相关联，共同影响着新时代对能源安全的理解和战略布局。

中国始终把能源安全摆在国家战略安全的突出位置。在应对传统能源局势包括一些重大国际能源历史事件中，中国通过提高国内能源资源勘探开发力度、提升能源科技水平、保障能源运输通道畅通、加大对重要油气生产国的海外投资等方式，千方百计保障能源安全，积极应对了传统能源局势及其演变带来的风险与挑战。

党的十八大以来，中国经济进入新常态，能源安全也面临着新的形势。同时，契合全球能源局势的演变，中国能源安全战略也不断调整。2014年6月13日，"四个革命、一个合作"的能源新战略被提出，强调围绕能源技术、供给、消费和体制等方面进行深化改革，发挥对外开放作用，实现国际能源市场动态平衡下的中国能源安全。2020年以来，能源安全战略被视为保护国家安全的重要部分，国家围绕"实施能源资源安全战略"等做出了一系列部署。2022年3月，国家发改委、国家能源局等发布《"十四五"现代能源体系规划》。该规划识别了"能源供需多极化、能源产业智能化、能源结构低碳化和能源系统多元化"的全球能源产业演变特征，认为"保障安全是能源发展的首要任务"，并从战略安全、运行安全、应急安全角度为"十四五"能源规划描绘了路线图。

总体来看，能源安全仍是未来关乎中华民族伟大复兴和人类命运共同体构建的重大问题，未来需系统研判全球能源局势的演变方向，全面推动能源安全新战略向纵深发展。

1.1.2 研究问题

全球能源局势演变持续演进，处于百年未有之能源大变局之中。尽管"变"与"不稳"仍然是当前能源局势演变的显著特征，但总体方向和趋势已经呈现出一些清晰的线条。综合来看，全球能源局势演变演进的核心驱动力是：全球主要国家围绕能源转型而进行的国家战略利益布局再调整。一方面不放弃对油气等传统化石能源的战略竞争，另一方面推动可再生能源在全球的大规模部署。随着这一调整过程的深入，全球能源局势演变必将对中国能源安全产生多维、复杂的影响。那么，不同的能源局势表现形式各自对中国能源安全产生了怎样的影响？如何根据这些影响深化能源安全新战略？本书选取全球能源局势演变的三种表现，分析其对中国能源安全的影响。

1.1.2.1 化石能源生产国局势竞争对中国能源安全的影响

尽管可再生能源的比重正在快速增长，但在中短期内，传统化石能源仍占主导地位，且作为能源保障的重要支撑，其重要地位尚难以替代。因此，化石能源生产的核心国家不放弃对石油、天然气等传统战略能源的控制，在热点地区通过经济制裁等方式进行战略博弈。同时，全球能源转型导致化石燃料可能被大量搁浅，进而加剧化石能源生产国的经济竞争。尤其是美国通过页岩油气革命成为新兴的能源出口国后，其运用制裁方式干预传统能源出口国能源出口的频率明显增加。例如，2019年美国对委内瑞拉石油业进行制裁，导致2020年委内瑞拉的原油和成品油出口量下降了37.5%，为77年来最低。2018年美国恢复对伊朗原油、银行和运输部门进行制裁，并于2020年升级对伊朗石油系统的制裁，系列制裁也导致伊朗的石油产量大幅降低。2019年12月，美国开始制裁连接俄罗斯与德国的"北溪2号"天然气管道项目，这背后折射的是美国天然气产量增长、与俄罗斯竞争欧洲能源市场的考量。通过上述制裁事件可知，新的全球能源局势不再向第三阶段那样通过对能源产出国发动战争的方式进行，而改以"相对温和"的制裁方式，其目的也不在于争夺油气资源的控制权，而更多在于限制竞争国家的能源供给。但这无疑对全球能源安全带来了更多的不确定性，威胁以中国为代表的能源进口国的能源供应安全。因美国成为石油出口国，总体上可以接受更高的能源价格，因此预计化石能源生产国之间通过制裁方式进行局势竞争的事件在未来将更为频繁。那么，化石能源生产国之间的竞争是否会影响中国的能源安全？其影响的渠道是什么？影响程度如何？以上问题需要深入研判。

1.1.2.2 美国页岩油革命对中国隐含能源安全的影响

美国页岩油气技术革命使得以美国为代表的化石能源进口国转变为化石能源生产和出口国，全球能源生产重心的重组变化日趋明显。美国能源角色的重大变化，势必改变全球能源贸易网络，直接波及能源及其下游部门的贸易供应链，影响中国能源安全与经济增长。同时，中国作为全球制造业大国和贸易大国，在全球化程度加深的背景下，部分能源隐含于全球生产网络和贸易网络中进行二次分配（杨宇，2022）。隐含能源的影响具有隐蔽性，隐含能源依赖性过大，同样会影响中国的能源安全。随着世界各国之间的经济关联及贸易网络越来越复杂，特别是近年来疫情以及贸易摩擦等各种因素导致全球供应链与产业链正在重塑，隐含能源带来的能源安全冲击可能凸显。那么，以美国页岩油革命为代表的世界主要国家能源角色的转变，对全球隐含能源网络带来怎样的改变？是否对中国隐含能源安全产生影响？相关研究也亟待展开。

1.1.2.3 可再生能源大规模部署对中国能源安全的影响

因碳中和目标带来的化石能源规模缩减与可再生能源发展，将渐进性改变全球局势。气候变化极大地推进了全球能源转型的步伐，IPCC（2022）第六次评估报告综合多个情景的模拟结果显示，未来可再生能源高比例、大规模运用将成为全世界的主导能源，这从根本上改变了传统意义上的油气主导的能源局势。化石能源的规模缩减与低碳化转型，特别是国际去煤化的压力，对中国能源安全战略调整产生重要影响。更为重要的是，可再生能源的高比例、大规模部署，将在供给与需求两端，改变中国传统能源安全部署。例如，在生产端，中国具有相对化石能源更为丰富的风、光等可再生能源资源储备，可能降低对传统能源运输通道的依赖，同时与可再生能源资源相关的锂、镍、钴、锰和石墨等关键矿产资源作用凸显，这将影响到中国能源安全及产业链、供应链布局。在消费端，对严重依赖化石能源进口的中国来说，可再生能源的消费会减少化石能源进口依赖，可能削减与能源贸易相关的能源安全关切，同时改进与能源相关的碳排放情况。总体上看，碳中和带来的能源转型是一个长期过程，化石能源与可再生能源的角色转变也需要一定过程。那么，在碳中和驱动的能源转型背景下，如何重新评价中国的能源安全状况？可再生能源在生产和消费两端的大规模部署与渗透，将对中国能源安全带来怎样的趋势性影响？相关问题需进一步综合研判。

上述问题的解决，对推动中国能源安全新战略向纵深发展、构筑开放条件下面向中长期的国家能源安全保障体系具有重要意义。本书聚焦能源局势演变对中国能源安全的影响，分别探讨了能源供给制裁通过"多元博弈—能源网络—经济关联"对中国能源供给安全的传导机制和溢出效应、美国页岩油革命对中国隐含能源安全的冲击以及全球可再生能源大规模部署的"供给—需求"双重冲击对中国综合能源安全的多维影响这三项关键科学问题。最后，结合研究结论从不同角度提出了推进中国能源安全新战略向纵深发展的政策建议。

1.2 研究目的与研究意义

1.2.1 研究目的

本书旨在揭示全球能源进程对中国能源安全的冲击，并实证考察中国能源安全在能源进口、能源消费和能源结构层面受到的影响程度，研究目的主要包括三方面。

目的一：提出一个可以更好地反映能源局势演变对能源安全影响的一般性分析框架。能源局势纷繁复杂，演变原因涉及政治、经济、技术、环境等多方面，其要素构成与具体表现也十分丰富，因而明晰能源局势演变的本质特征与基本表现很有必要。在此基础上，分析其对能源安全的影响路径与影响效应，进而提出一个适用于全球能源局势演变与能源安全关系的一般性分析框架。

目的二：立足能源局势演变过程中的主要特征，量化分析不同特征下的特定能源事件或场景对中国能源安全的影响。以往研究就能源局势演变对能源安全的影响以定性分析为主，难以准确刻画中国能源安全在动态局势演变中所受到的影响，本研究试图利用量化分析方法解决这个问题。基于影响能源局势的不同因素找出当前影响能源局势演变的关键变量，在此基础上进一步总结归纳能源局势的主要特征。为了可以全面刻画能源局势演变对能源安全影响，本研究从不同特征下具体的能源事件出发，通过案例和情景分析来量化能源局势演变对中国能源安全的影响。

目的三：提供中国应对全球能源局势演变、深化能源安全战略的参考建议。通过实证检验美伊能源政治冲突、美国页岩油革命及碳中和目标下的可再生能源转型对中国能源安全的影响，结合新时代中国能源安全政策取向，为中国能源安全新战略向纵深发展以及维护全球能源安全提供决策参考。

1.2.2 研究意义

1.2.2.1 理论意义

本书在详尽的文献综述工作基础上，综合使用多种定量模型方法探讨能源局势演变对能源安全的影响，研究成果的理论价值在于：第一，构建了覆盖短期和中长期时间尺度的能源局势对能源安全影响的理论框架，提出了适用于转型、动态、复杂、不确定性条件下的能源局势与能源安全理论分析架构，提升了现有研究框架的系统性与时空辨识度；第二，将隐含能源安全纳入研究框架，同时构建包括供应安全、消费安全及环境安全的能源安全指标体系，拓展了能源安全的时代内涵，更全面呈现能源局势对能源安全的深层次、多维度影响；第三，识别了贸易网络、可再生能源冲击等视角下的能源局势与能源安全的理论关联机制，厘清了其传导途径、外溢效应等，拓展了现有研究的分析视角。

1.2.2.2 现实意义

本书讨论全球能源局势演变对中国能源安全的影响，并具体识别不同类型能源局势事件的影响效应，对构建清晰的、有效的中国能源局势中长期战略保障中国能源安全具有重要现实意义。具体来看：分析能源制裁的外溢效应，有助于中国预判国际制裁的影响传导路径，为积极应对类似美伊冲突、俄乌冲突及西方对俄罗斯制裁等类似事件提供基本立场；研究技术革命对隐含能源安全的影响，从更为隐蔽、深入的角度观测竞争国家能源供给角色提升后的影响，有助于提出针对性预案，确保国家能源供应链和产业链安全；分析碳中和目标下可再生能源转型带来的长期能源安全影响，有助于中国中长期能源安全战略的完善和现代能源体系的构建。

1.3 研究内容与研究方法

1.3.1 研究内容

本书共有七章，内容如下：

第一章为绪论。主要通过能源资源的全球地理分布与生产和消费情况、全球能源局势演变的进程、中国能源安全战略演进等方面阐述本书的研究背景，提出本书所聚焦的三个关键科学问题，介绍研究意义、研究内容与具体研究方法，呈现本研究的技术路线图，提出本研究的创新之处。

第二章为理论基础与文献综述。主要介绍本研究涉及的政治经济学、能源经济学和环境经济学等跨学科理论基础，奠定本研究的理论根基；从能源局势形成与演变原因、能源局势构成与表现、能源局势对能源安全的影响等方面对相关研究文献进行了综述，辅助使用文献计量工具对本领域的研究脉络和研究动态进行解析，系统梳理已有研究的进展与不足。

第三章为全球能源局势演变对中国能源安全的影响路径分析。主要介绍了全文的逻辑结构及理论框架结构，解析了全球能源局势影响中国能源安全的传导机制及理论模型，提出研究假设，为后续展开研究的美伊石油冲突、美国页岩油技术革命及国际可再生能源冲击等事件对中国能源安全的影响进行了铺垫。

第四章选择美伊石油冲突为案例，探讨化石能源局势竞争对中国能源安全的影响，旨在揭示化石能源局势竞争中大国通过经济制裁对全球能源战略利益的控制给中国能源安全带来的挑战。在梳理美伊石油战争影响中国能源安全及能源贸易的传导机制及作用路径基础上，从能源局势中核心国家战略利益角度假设可能出现的冲突演变情景，利用 GTAP-E 模型评估化石能源局势冲突对非直接参与国（中国）能源安全的影响，细化模拟其对中国能源价格、能源进出口贸易以及其他宏观经济指标的影响。

第五章从隐含能源流动视角探讨美国页岩油技术革命对中国能源安全的影响，旨在揭示技术因素引致的国家能源角色转变和地位提升对中国隐含能源安全的冲击。厘清美国页岩油革命带来的原油供应冲击对中国隐含能源安全影响的传导机制，首次利用 EMIIO-MRIO 模型将国际、国内双重价值链软连接，从隐含能源角度评估美国页岩油革命对中国能源安全的影响。本章细化分析了美国页岩油革命对中国总体隐含能源消耗影响效果、对中美隐含能源流动影响效果、对中国与世界各地区隐含能源进出口的影响效果，评估美国页岩油革命对中国隐含能源进出口多样化和依赖程度变化的影响。

第六章研究了全球可再生能源大规模部署的"供给—需求"双重冲击对中国综合能源安全的多维影响，旨在探讨碳中和目标带来的能源局势演变对中国能源安全的影响及发展趋势。本章构建碳中和目标约束下包含能源供应、消费及环境三重维度的新型能源安全评价指标体系，综合采用向量自回归脉冲分析和主成分分析法，实证检验了国际可再生能源供给与需求冲击对能源安全多维度的异质性影响及其持续时间。

第七章为结论、建议与展望。根据研究结果，总结梳理了主要研究结论，据此提出了推动能源安全新战略向纵深发展的政策建议，并展望了未来研究方向。

1.3.2 研究方法

本书全面审视并检验了国际能源局势演变对中国能源安全的影响，使用的研究方法包括文献计量法、理论分析法、实证研究法、案例解析法及逻辑推演法。

文献计量法：为了准确全面了解国内外学者对能源局势及能源安全两个领域及其相互关系的研究动态，本书使用文献计量工具对两个主题词相关研究文献的数量、研究方向、区域和国家分布及趋势进行了分析。同时，使用 CiteSpace 软件对相关的关键词进行了聚类及突变分析。

理论分析法：本书所涉及的理论分析方法主要在于两方面。一是来自经典传统理论的支撑性分析，通过回顾研究所涉及的既往经典研究理论如能源地缘政治理论、博弈论等，构建本书实证研究的基础理论框架，以支撑后续的实证分析。二是来自现有相关文献对理论机制解读的总结性分析，为了厘清各子问题所涉及的传导机制及作用路径，本书对既往相关研究进行了文献综述，并分别总结了能源局势演变的不同场景下中国能源安全受到影响的理论依据。

实证研究法：利用问题导向，选取合适视角，采用三种实证计量方法开展研究。一是 CGE 模型，通过构建开放的宏观经济系统模拟美伊石油冲突对中国能源安全及能源贸易的影响。二是多区域投入产出模型，通过投入产出分析检验美国页岩油革命对中国能源供应及能源安全的实际影响。三是 VAR 脉冲分析法，模拟国际可再生能源冲击对中国能源供应、消费及环境安全和总体安全的影响。

案例解析法：本书从多个角度描述并定义能源局势演变，列举了大量案例，并重点对两个案例进行了解析：一是美伊石油冲突，聚焦于能源供给制裁通过"多元博弈—能源网络—经济关联"的传导效应对中国能源供给安全的影响；二是美国页岩油革命，用以考察国家能源角色转变和地位提升对中国隐含能源安全的冲击。

逻辑推演法：本书主体及子章节内容均采用了类似的逻辑对相关问题展开研究，即背景阐述—文献综述—理论分析—实证检验—总结评价的逻辑顺序。

1.4 研究框架与技术路线

本研究核心框架主要包括四大部分：第一，分析全球能源局势的演变对中国能源安全的影响路径，从空间维度和时间维度出发，识别能源局势演变的核心变量，归纳围绕"全球主要国家围绕能源转型而进行的国家战略利益布局再调整"这一逻辑主线形成的能源局势演变特征，厘清其影响路径与影响结果，并在此基础上提出假说。第二，立足当前能源局势的化石能源生产竞争激烈的演变特征，分析竞争格局下能源冲突对中国能源安全的影响。选取美伊冲突作为研究案例，从能源局势中核心国家战略利益角度假设可能出现的冲突演变情景，利用全球一般均衡模型评估美伊冲突通过全球能源贸易对非直接参与国（中国）能源安全的影响。第三，根据当前全球化石能源生产重心重组的能源局势演变特征，基于隐含能源流动视角评估美国页岩油革命对中国能源安全的影响。首次利用 EMIIO-MRIO 模型将国际、国内双重价值链软连接，揭示能源格局中的石油供给重心转移通过国际能源贸易网络对部门隐含能源安全的影响。第四，构建碳中和目标约束下包含能源供应、消费及环境三重维度的新型能源安全评价指标体系，综合采用向量自回归脉冲分析和主成分分析法，实证检验了国际可再生能源供给与需求冲击对中国能源安全多维度的异质性影响及其持续时间，探讨碳中和目标带来的能源局势演变对中国能源安全的长期性影响及发展趋势。

本书的技术路线如图 1-6 所示，按照问题识别、理论构建、实证分析、总结结论和提出建议的技术路线展开研究。第一，通过中国能源安全现状和全球能源局势演变的典型事实，提出本书的研究背景和研究意义。在界定研究框架和梳理文献的基础上，识别出本书需要解决的关键问题。第二，构建全球能源局势演变对中国能源安全影响的理论框架。从供给和需求、空间和时间双重交叉维度识别影响能源局势演变的关键变量，统筹考虑能源局势演变下的能源权利转移对主体角色、能源关系变化和能源行动措施及能源战略布局的影响，在此基础上归纳总结能源局势的演变特征。从不同演变特征出发，分析不同特征下的能源格局演变对中国能源安全的影响路径，并进一步推演其影响结果。选取全球能源贸易、隐含能源流动、能源结构调整建立全球能源局势演变对中国能源安全的影响路径，从能源供给、能源依赖、能源消费等方面阐述能源安全在能源局势演变中受到的具体影响。第三，在问题提出和理论框架的基础上，选取合适的研究视角和研究方法，实证分析能源局势演变的不同特征对中国能源安全的量化影响。从能源转型切入能源局势的纵向演变特征，将当前全球能源局势演变特征分为化石能源生产重心重组和可再生能源全球部署两大类型，并在化石能源生产重心重组基础上衍生出化石能源生产竞争的能源格局特征。在三类特征中，选取典型事实展开具体的实证分析，并利用不同的研究方法量化分析能源局势对能源安全的具体影响。首先，美国—伊朗政治冲突通过全球能源供给和价格对中国能源安全造成冲击，选取全球可计算一般均衡模型，GTAP-E 模型可以很好地模拟这一冲突对全球能源市场的冲击，并细化到中国能源部门。其次，美国页岩油革命增加全球石油供给，通过全球能源贸易流动影响中国能源安全，利用多区域投入产出模型可以恰当地描述全球隐含能源流动，进而从能源依赖视角分析中国能源安全的影响。最后，可再生能源生产和消费对中国能源安全的冲击拟采用向量自回归脉冲分析，从而模拟可再生能源发展对中国能源安全影响在时间维度的变化趋势，并采用主成分分析法对能源安全指标进行降维处理。第四，得出有关全球能源局势演变对中国能源安全影响的结论和建议，总结本书研究的不足和对未来研究工作的展望。

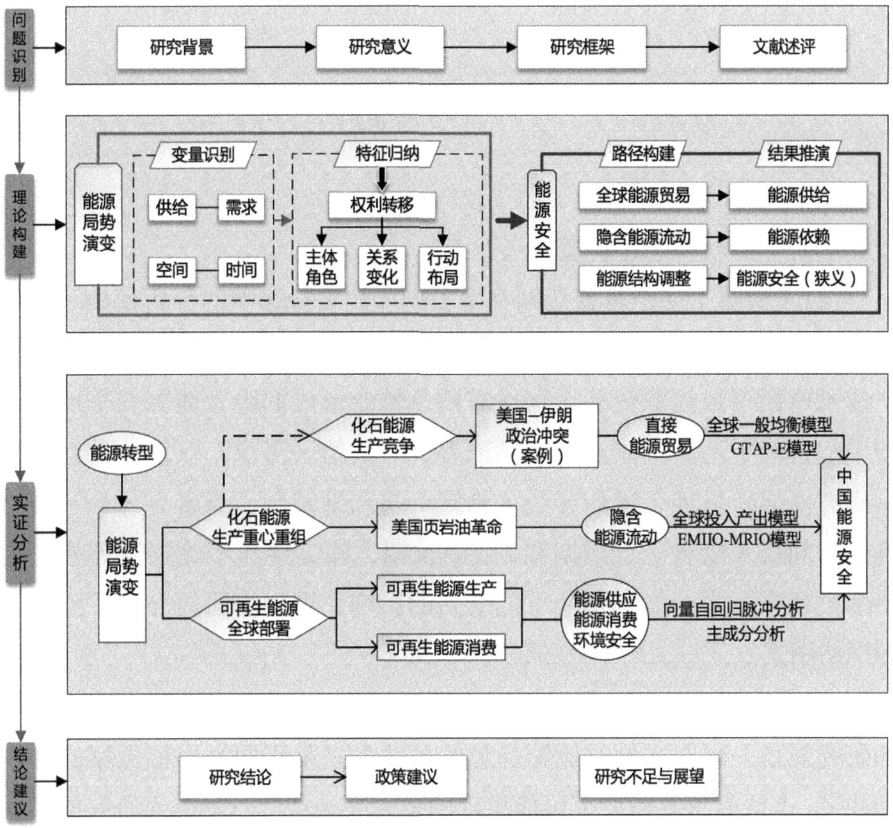
问题识别
研究背景
研究意义
研究框架
文献述评
理论构建
能源局势演变
变量识别
供给
需求
空间
时间
特征归纳
权利转移
主体角色
关系变化
行动布局
能源安全
路径构建
结果推演
全球能源贸易
能源供给
隐含能源流动
能源依赖
能源结构调整
能源安全（狭义）
实证分析
能源转型
能源局势演变
化石能源生产竞争
美国–伊朗政治冲突（案例）
直接能源贸易
全球一般均衡模型
GTAP-E模型
化石能源生产重心重组
美国页岩油革命
隐含能源流动
全球投入产出模型
EMIIO-MRIO模型
可再生能源全球部署
可再生能源生产
可再生能源消费
能源供应
能源消费
环境安全
向量自回归脉冲分析
主成分分析
中国能源安全
结论建议
研究结论
政策建议
研究不足与展望

图1-6　技术路线图

1.5 主要创新

本研究的创新之处表现在三方面：

（1）构建了一个覆盖短期和中长期能源安全影响的分析框架。将化石能源生产竞争中"多元博弈—能源网络—经济关联"的传导效应、生产技术革命引致能源贸易大国供需角色转变形成的隐含能源安全风险、碳中和目标下可再生能源大规模部署的"供给—需求"双重冲击纳入统一研究框架，呈现了激烈冲突（制裁）与和平贸易、当事方与第三方、直接与间接（隐含）、短期和/或中长期、确定性与不确定性等能源局势多类状态下中国能源安全可能受到的影响，更加全面地分析了整体能源网络图景。

（2）立足全球化、贸易网络关系，拓展了能源局势和能源安全关系的研究视角。现有文献对能源局势的关注多立足于两个当事国家的合作和冲突，本研究将政治冲突可能出现的多元互动博弈行为纳入研究框架，立足全球化下的能源贸易网络关系剖析了能源局势冲突对非当事方能源安全的溢出影响，有效地补充了能源局势和能源贸易关系的研究。

（3）从隐含能源消费、新型能源安全评价指标等方面丰富了能源安全的内涵与研究维度。以往对能源局势的研究局限在能源的生产、供给、运输等上游部门，本研究更加深入地挖掘了能源局势的理论内涵，将能源消费环节纳入研究框架，特别是首次从隐含能源角度评估美国页岩油革命对中国能源安全的影响，揭示全球能源生产重心变化对国际能源贸易网络改变带来的间接能源安全影响并细化分析其部门影响效应，展示能源局势演变在下游部门的潜在表现。同时，构建碳中和目标约束下包含能源供应、消费及环境三个维度的中国能源安全新型评价指标体系，以体现能源安全内涵的动态演变。

第 2 章

理论基础与文献综述

本部分首先介绍了本研究所采用的理论基础，为相关研究问题的展开奠定理论根基。能源局势与能源安全关系的研究具有系统性、复杂性，本书所探讨的问题涉及政治经济学、环境经济学和能源经济学等多学科的局势，能源安全、国际贸易、国际关系、可持续发展等理论。同时，本部分在使用文献计量工具对本领域的研究脉络和研究动态进行解析的基础上，围绕能源局势形成与演变的原因、能源局势的构成与表现、能源局势对能源安全的影响等方面对相关研究文献进行了综述，系统梳理了已有研究的进展与不足。其中，着重介绍了能源制裁、页岩油革命、可再生能源发展对能源安全影响方面的研究进展，以对应本书后续实证章节所关注问题的研究缺口及研究创新。

2.1 理论基础

能源局势对能源安全的影响是一个多学科、多领域的综合性问题，涉及经济学、政治学、地理学、环境学等学科。能源地缘政治理论、能源安全理论、能源贸易理论等为本研究提供了主要的理论基础。首先，从能源地缘政治理论切入，探索该理论视角下全球能源局势演变的规律与当前特征。其次，梳理能源安全理论的发展，全面解析能源安全的内涵，在此基础上进一步分析能源局势和能源安全之间的关系。再次，国际贸易在能源局势和能源安全之间搭建了基本的联系桥梁，有助于分析能源局势影响能源安全的基本路径。最后，国际关系理论和可持续发展理论为分析国际关系和能源转型提供了理论支撑，进一步丰富了能源局势对能源安全产生影响的约束性变量与观测视角。

2.1.1 能源地缘政治理论

2.1.1.1 地缘政治学

地缘政治学从起源到发展的过程，与国际局势环境的变化和国际经济格局密切相关，为各国处理包括军事、贸易和外交等多方面国际关系，提供了理论指导。德国地理学家弗里德里希·拉采尔（Friedrich Ratzel）和他的学生鲁道夫·契伦（Rudolf Kjellen）被认为是地缘政治学理论研究的先驱。拉采尔是西方近代政治地理学的创始人，先后发表了《人类地理学》《政治地理学》《海洋作为伟大民族之源》等著作，为近代局势思想的发展奠定了基础。他将达尔文的进化论思想引入社会科学研究中，认为国家就像一个生物有机体一样会受到自然法则的支配，随着人口的规模和构成的变化，国家的边界也会发生扩张，因而国家出于"生存空间"的需求会在现有领土的基础上选择继续扩张自己的领土。这些理论观点在两次世界大战期间进一步被德国地缘政治学家卡尔·豪斯霍弗（Karl Haushofer）接受，成为德国侵略扩张战略主要的理论依据。在拉采尔之后，契伦继续发展了"国家有机体"这一思想，正式提出"地缘政治学"（Geopolitik）的概念，将其定义为"将国家当作地理有机体或现象的理论"（杰弗里·帕克，2003）。但是，无论是拉采尔还是契伦的地缘政治学观点都存在极大的局限性，过分强调了地理因素对国家发展的重要性，却忽视了技术进步等因素通过对国家经济的推动而带来的局势改变。同时，这些观点完全忽视了因地理扩张可能导致种族灭绝的危险性，这成为"二战"以后地缘政治学在很长时间内被冷落的原因之一。

第二次世界大战前后，地缘政治理论进一步在欧美等国得到了实质性发展，先后出现了"海权论""陆权论""边缘地带论"和"空权论"等核心理论，成为影响欧美国家在"二战"以及后期战略布局的重要指导。美国著名的海洋历史学家阿尔弗雷德·马汉（Alfred Mahan）创立了"海权论"。通过分析制海权在长期历史进程中发挥的关键作用，同时借鉴英国在拿破仑时代获取海上霸权的事实，马汉论证了海权对于国家强大自身实力的必要性。马汉指出海权包括海上武装军事力量和海上贸易非军事力量两方面，对美国等国家扩建海上舰队、控制关键海域等军事和经济活动产生了多方面影响。比"海权论"更具影响力的是英国地理学家哈尔福德·麦金德（Halford John Mackinder）提出的"陆权论"。麦金德于 1904 年发表《历史的地理枢纽》一文，指出位于"心脏地区"的欧亚大陆和非洲是统治征服全球的关键地区，这一观点有力地支持了"二战"期间德国扩张侵略的军事布局。但麦金德的观点受到美国地缘政治学家尼古拉斯·斯皮克曼（Nicholas John Spykman）的挑战。斯皮克曼同时借鉴了麦金德的陆权思想和马汉的海权思想，提出可以缓冲海权和陆权的"边缘地带"。"边缘地带"建立在"心脏地带"的基础上，是位于"心脏地带"和海洋之间的区域。斯皮克曼认为，对于"边缘地带"的控制权要优于对"心脏地带"的控制。另外，意大利人朱里奥·杜黑（Giulio Douhet）于 19 世纪 20 年代提出了"空权论"，认为空军的战斗能力优于海陆军，空权更决定了国家战场的成败（刘从德，2010）。上述理论观点都是基于两次世界大战的现实需求提出的，对后世产生了长久的影响。不过，随着战争的结束和全球经济一体化的进程，地缘政治学衍生出了更多的分支流派。随着能源在全球战略地位中的提升，能源局势经济学应运而生。

地缘政治学理论立足对空间的多维认知视角构建了不同的地缘政治理论。区域、区位和社会空间等物质性空间认知以及虚拟空间、网络空间和信息空间等非物质性空间是主流地缘政治学理论构建的基本视角（胡志丁等，2012；张怀民和郝传宇，2013；胡志丁等，2021）。拉采尔和契伦认为空间是一个区域概念，国家是区域的具体形式，是空间在地理层面的一个有机体集合，强调地理位置、自然资源和领土等空间要素在国家发展过程中的重要性。豪斯霍弗在这一观点的基础上，根据德国现实需求，提出了符合德国国情发展需求的"生存空间"概念，补充说明了空间要素的相互作用及其所组建的空间结构的重要性。马汉、麦金德和斯皮克曼进一步意识到了地理区位的重要性，强调地理要素对国家权力的制约作用。"海权论"和"陆权论"分别从海洋贸易路线和陆地霸权强国为美国和英国指出全球核心的地理区位分布，"边缘地带论"则从潜在的势力、战争与冲突等角度进一步扩展了全球视角下核心的地理区位。科恩等人对空间的认知进一步扩大，全球视野下的社会空间将国家行为看作一种系统行为，国家之间复杂的社会网络关系被纳入了局势研究范畴，单一社会下的复杂相互联系与影响被视为局势研究的重点。传统的国家中心主义和对抗性思维被取代，实体性的资源争夺转变为复杂网络关系下的多方博弈，和平发展取代战争成为地缘政治理论研究的新趋势（李振福和邓昭，2021）。

由此看来，地缘政治理论服务于国家在国际环境中的整体战略布局，它从地缘维度考察国家为获得生存空间而呈现的状态和开展的活动。国家的发展状态从根本上决定着其生存空间的性质和它所处的地缘格局环境，并通过不同的地缘政策来获取更多的生存空间。国家之间在地理要素层面展开相互竞争是局势发展动态演变的主要形式，但是国家之间在地理环境中彼此协调的状态是局势的最终状态。原始状态下各个国家没有地理竞争或者合作，但这一状态并不会保持平衡。为了获得更大的生存空间，地缘政策开始发挥作用，政治层面或者经济层面要素受到冲击，平衡状态会被重新打破，产生新的竞争和合作。在经历了一段时间的动态调整后，各个政治团体会处于短暂的协调状态，但这并不意味着竞争的消失或合作的加强，而是政治力量和经济力量的相对平衡，新产生的竞争和合作变化不足以冲击格局的变动，由此产生新的局势。

2.1.1.2 能源地缘政治学

能源地缘政治是地缘政治理论后期发展的产物，建立在地缘经济学的基础上。与地缘政治学一致，能源地缘政治学仍然关注地缘因素对国际政治的影响，具体表现为与能源有关的地缘因素，包括资源的分布、生产、消费、技术、金融等多方面的权利分布对各国政治、经济等方面对外能源政策和表现的影响（崔宏伟，2010）。同样，随着时代进步，能源地缘政治理论随着地缘政治理论的演变而发生深刻的变化。首先，对真实的物理空间的考察已经不能全面反映当前社会的全部形态，对虚拟网络关系的关注逐渐上升（李红梅，2017）。对能源局势的考察不仅要分析真实的能源流动格局，还需要进一步建立在隐含能源流动形成的网络关系基础上。其次，技术对于当今世界的意义毋庸置疑，讨论国家的政治权力必须从技术的视角出发，能源技术的发展同样也是能源局势必须考虑在内的因素（张怀民和郝传宇，2013）。最后，能源局势具有一定的特殊性，体现为环境因素对能源局势的影响，将环境纳入能源局势的范畴，能够更全面地反映能源局势的格局演变。

另外，对于能源局势的认识，前期学者往往将能源等同于石油，强调石油在能源局势中的决定性作用，石油有着其他能源不可替代的属性和特征。石油资源在生产和消费中的地理错位是形成国际能源贸易市场的前提，频繁的石油贸易为能源局势的形成提供了可能。同时，工业化国家的经济发展对石油的严重依赖和石油对国际金融市场的冲击使石油获得了得天独厚的政治优势，通过对石油资源的占有和对石油市场的控制会强烈影响多主体、多层面的国家利益，可以实现多重目标并稳固主体国家的国际地位。但是，石油并不能成为能源局势永远的表演者，石油在能源局势中的角色受制于国家在既有技术水平下对生存空间的要求。重新审视科学技术当前的发展状况和趋势，明确人类生存空间的具体形态，能够更好地描述能源局势的发展态势。

综上所述，本书认为，能源局势演变包括以下要义：一是能源局势演变的基本因素指地缘因素，这既包括人文地理因素，如政治、历史、文化、宗教等方面；也包括自然地理因素，这主要指气候、环境等方面。二是能源局势的行为主体是代表整体利益的政治权力机构——国家或者团体，一切与"生存空间"有关的利益都包含其中，包括政治利益、经济利益甚至生态环境利益。三是能源局势表现并不限于敌对的国际关系和国际社会整体不稳定的状态。一方面，外界力量对于格局的直接冲击会导致国家之间更激烈的竞争及由此产生的新合作，进而对原先的局势关系构成破坏并重建新的关系网络。另一方面，彼此协调、稳定的国际关系也是新兴能源局势可能呈现的状态。通过经济、文化、技术等多个层面积极实现多主体利益的整体扩大是能源局势最终的表现形式。

从地缘政治理论及其能源分支理论的发展可以看出，全球能源局势演变的基本研究对象为国家，围绕国家的相关陆地、海洋、天空等物质性空间分布和以国家为中心的网络空间是现代能源局势研究中关注的重点。具体来看，发达国家仍然是全球能源局势演变的"心脏地带"，而以中国为代表的发展中国家是格局中的"边缘地带"，两者均是全球能源格局中的核心所在。另外，能源局势不是一成不变的，必须从动态的视角认识格局演变的趋势，技术进步在其中发挥了至关重要的作用，从石油到可再生能源的能源形式转变对能源局势的影响必须被纳入本书的研究框架中，从而更充分地展示能源局势演变全景。

2.1.2 能源安全理论

对于能源安全的重点关注始于 20 世纪 70 年代的两次石油危机，石油价格的短期暴涨和石油产量的骤降使以美国为首的发达国家的经济遭受了巨大损失，导致了西方国家经济的全面衰退。至此，人们意识到石油供给对经济的重要影响，以美国为首的西方发达国家成立国际能源署来确保本国的能源消费安全和利益，并建立了以稳定的能源价格和供应为主的能源安全观（张生玲和林永生，2015）。两次石油危机的爆发并不是偶然的，最早可以从石油在两次世界大战期间被大规模地使用和国家对石油资源的争夺中找到痕迹。"二战"期间，美国和英国的海上武装战舰均以石油作为能源动力，而日本和德国入侵其他国家的主要原因之一是掠夺当地的石油资源（肖依虎，2010）。同时，在第二次世界大战以后，发达国家的经济增长速度猛增，对石油的依赖程度日益明显，成为两次石油危机能够导致全球经济衰退的主要原因。

随着人类使用能源进程的不断推进，能源安全观念也在不断更新。从最初的解决能源贫困问题到满足基本的生活需求，到后期以最低成本获得持续稳定的能源供应，一直发展到如今追求能源利用需满足经济增长与生态环境协同发展的双重约束要求。20世纪80年代以来，能源安全不仅关注单一来源、单一品种的能源供给稳定的问题，还考虑多来源、多品种的能源系统供应稳定问题，同时能源消费的经济性和安全性被纳入能源安全的范畴（黄维和等，2021）。能源进口来源多样化，避免对某一地区的能源过度依赖；能源消费结构多元化，追求能源与经济增长的脱钩，避免一次能源消费结构比例不合理；注重优化经济结构与能源结构，提倡节能与效率提高等措施都成为国家能源安全的有力保障。21世纪以来，能源的生产利用带来的环境污染和全球气候变暖问题使能源安全的内涵进一步扩大到环境和气候领域。1997年《京都议定书》的签署，标志着能源安全走向可持续发展的道路，能源安全不再停留在稳定、足量、经济等传统维度，绿色清洁、低碳环保成为能源安全的应有之义（徐玲琳等，2017）。同时，能源安全政策也不止于能源治理层面，经济增长方式转变、能源开发和利用技术创新等围绕能源转型改革的措施都与能源安全息息相关（周云亨等，2018）。

另外，能源转型背景下可再生能源对化石能源的替代，为能源安全增添了新的内涵。传统的能源安全标准中，能源的可用性、可承受性和恢复力一直被认为是加强能源安全的主要目标。但随着能源利用引发的环境灾难频繁上演，尤其是能源利用带来的碳排放问题，使能源安全的主导研究范式第一次遭到了攻击（Valentine，2011）。技术进步被认为可能使化石能源和能源安全之间转变为寄生关系，并有利于促进可再生能源与能源安全形成互生关系（Gökgöz和Güvercin，2018）。另外，可再生能源的使用有利于全球能源安全发展，通过能源项目实现经济发展和跨境合作，为能源使用国带来更广泛的社会经济利益（Hamed和Bressler，2019）。

目前，对于能源安全的定义还没有统一，能源安全问题是一个综合性问题，牵涉能源、经济、资源、环境、气候、贫困等多个领域。但总体来看，以往研究对于能源安全的定义往往从国家角度和能源层面考虑，根据能源进口国的能源获取和能源出口国的能源供给来定义能源安全对于不同类别国家的具体内涵。这种做法的好处是可以简单地对能源安全定量化评估，方便现实层面国家的基础能源管理，但是容易忽视能源安全牵涉的其他因素，造成顾此失彼、事倍功半的局面。另外，仅从国家层面分析能源安全问题，而忽视国际整体能源安全格局，容易使自身在能源局势变动中处于完全被动的地位。单纯考虑进口国或者出口国的能源安全是不全面的，将二者割裂谈论并不可取。因为能源进口国和能源出口国的影响是双向关系，能源供给波动会波及能源需求，同时能源需求波动也会影响能源供给。综合性、系统性地考虑能源安全，可以更好地减少外部因素对能源安全的冲击，扭转在外部冲击中的被动地位，并有利于多目标的协同实现。

本书认为，能源安全是指全球能源系统的整体安全，这包括能源产品市场的供需稳定和平衡、能源产品市场和金融市场的价格平稳、能源物流的正常运行以及能源体系的经济性和环境无害性。其中，能源产品市场的供给稳定是指有足够的与能源供给相关的资源储量可以保障经济对能源的长期需求，同时能源生产不会因为任何原因发生中断或者减产。对于化石能源来说，这些资源储量即指煤炭、石油、天然气储量；而对于可再生能源来说，这意味着可再生能源所需原材料的充足，如铜、镍、钴、稀土和锂等金属矿物。能源需求的稳定是指国民经济的正常运行可以保障能源日常消费和增长水平的稳定，没有大规模的经济危机或者流行病等全球性质事件的发生。能源运输路线和能源运输通道的安全是指能源运输过程中没有任何威胁能源运输的内部或者外部事件发生，比如，能源运输管道的正常运行，能源车辆或者船只没有被武装袭击，能源燃料没有发生泄漏或者逃逸。能源价格的相对平稳和能源金融安全是指能源政治国家或团体，如 OPEC、OPEC+ 等没有人为性质的价格抬高，或者武装突袭以及暴乱等突发政治事件对能源价格预期的影响以及对能源投资的影响。能源体系的经济性和环境无害性是能源活动的两个前提条件，即与能源有关的活动与经济和环境呈协同关系。其中，能源系统的经济性是指能源可以带来经济的发展和国家利益的提高。而环境无害性是指能源使用不会造成温室效应、臭氧层破坏、空气污染和酸雨等任何威胁人类生存的全球环境问题。总体来说，能源安全作为国家安全的重要组成部分，意味着能源安全必须符合国家总体安全的要求，这包括能源影响下的政治安全、经济安全、生态安全和资源安全等方面都可以得到切实保障。

根据能源安全理论，考虑到全文整体的研究设计，立足三个关键的研究问题，本书拟从以下三方面来考察中国能源安全的内涵界定和量化方式：第一，在全球化石能源生产商竞争情况下，能源合作和能源制裁同时存在，中国一次能源部门和二次能源部门进口规模、能源进口国来源分布和非能源部门的产出等能源部门供给及其影响的下游部门的经济安全是中国能源安全的主要内涵形式。第二，美国页岩油革命的发生对全球能源局势演变产生了重大影响，但是考虑到美国并非中国主要的能源进口来源国，从能源进口角度考虑中国能源安全的影响也许并不显著，全球能源产品的隐含能源流动可能成为威胁中国能源安全状况的主要路径，对于能源安全的关注主要包括中国的隐含能源消耗及其与美国和其他国家的隐含能源流入和流出等方面。第三，可再生能源推动全球能源局势的演变，进一步优化了当前的能源结构，从供应、消费和环境等方面影响了中国能源安全。

2.1.3 国际关系理论

国际关系理论为全球能源局势演变对中国能源安全的影响提供了基本的角色互动依据。能源安全是国家安全的一部分，是影响大国关系的重要因素，从国际关系理论考察能源局势对能源安全的影响，可以反映能源格局中能源贸易折射的能源关系。从国际关系角度观察能源局势变化的原因，进而可以分析其对能源安全产生的影响。主要的国际关系理论包括经典马克思主义、新马克思主义以及现实主义、自由主义、构建主义等学派。

马克思恩格斯国际关系理论主要蕴含在其代表作《共产党宣言》《德意志意识形态》和《十八世纪外交史内幕》等著作中。经典马克思主义学派对国际关系的解释是从生产力与生产关系、阶级冲突角度分析的。资本主义国家在工业生产过程中创造出巨大的生产力，带动资本扩张到其他国家。资本的国际化在发达国家与相对落后的国家之间形成了不平等的国际关系甚至是剥削关系，也带来了全世界资产阶级和无产阶级的对抗，这是局势关系形成的基础（马克思和恩格斯，1995）。

新马克思主义的代表性理论包括国家视角下的依附理论和世界体系理论（也称为"中心—边缘理论"）以及强调经济因素的葛兰西学派、法兰克福学派等。其中，依附理论和世界体系理论认为，发达的资本主义国家在全球经济体系中处于主导地位，而相对落后的发展中国家处于边缘地带，由此形成压迫和被压迫的关系，财富从边缘国家流向中心国家（Wallerstein，1998）。葛兰西学派和法兰克福学派都强调经济因素对于全球变革的决定性作用。葛兰西学派认为，跨国公司的产生推动了跨国管理阶级、工人阶级和各国民族资产阶级的阶级斗争（熊兴和胡宗山，2015）。在跨国公司全球攫取利益的过程中，阶级等级被固有和强化。不同阶级之间的表面全球合作实则加剧了阶级之间的不平等，并使不同阶级获得了不平等收益。总体而言，马克思主义认为国家之间的冲突和合作关系的形成都源于资本主义在全球范围内的扩张以及由此引发的和其他阶级的斗争。

现实主义认为国家追求至高无上的权力来维护自身最大的利益，在国际体系没有统一管理的状态下，国家之间在追求权益的同时必然相互冲突或竞争。新现实主义同样认可国家之间发生竞争和冲突的观点，但是新现实主义对国家活动本质方面还有异于现实主义。新现实主义认为，国家最终追求的目标是安全而非权力，对权力的追求的最终目的是维护国家安全。换言之，在可以保证国家安全的前提下，国家对权力的争取是有限的，竞争和冲突并不是必然发生的结果，保证安全的有限国家合作是国家保证安全的第二种手段，但是国际合作仍然被视为一种难以维持的状态。新现实主义从相对获益假设论证了不合作的合理性，它认为，国家为了确保与国家实力匹配的相对安全，必须权衡与其他国家合作时可以分配到的相对收益，但出于对相对受损的敏感，各国倾向于不合作（伍福佐，2007）。总体来说，无论是现实主义还是新现实主义，都认为竞争和冲突是不可避免的安全困境。根据不同的国际结构，这种安全困境可进一步分为一般性安全困境和结构性安全困境（Butterfield H.，1951）。由于国际社会的无政府状态，普通类型的国家之间会产生一般性安全困境。而结构性安全困境则通常发生于霸权国或者崛起国之间。能源安全作为国家安全的重要组成部分，国家对于能源安全的追求必然引发不同国家对于能源的竞争和抢夺。现实主义认为，要想实现能源安全，各个国家必须保证自身的能源可以自足，同时借助军事力量来保障自身安全。

与现实主义不同，自由主义认为国家之间的制度合作可以保证自身的安全发展，避免或者制止无休止的争斗和冲突。国家之间和平民主的状态源于经济发展的全球化，随着国与国之间的联系日益紧密甚至相互依赖，通过合作来实现彼此的安全发展成为可能。但是国家之间可以实现合作不是绝对的事情，而是取决于彼此在合作中的相对所得，相对所得是指合作产生的未来净收益大于不合作的收益。而相对所得受合作方数量和军事取向影响，合作方数量较多并且彼此实力均衡，军事取向为防御而非攻击型的国家之间更容易实现合作（任娜，2007）。合作制度为彼此的相对所得提供了一个实现框架，减少了信息交易的成本，增加了国家之间的信任度，从而降低了发生竞争和冲突的可能。根据自由主义的观点，广泛的多边合作、适当的对话和协调机制为能源安全提供了一定的保障。

构建主义认为国家关系取决于共有观念，而共有观念产生于国家之间的互动过程。构建主义与现实主义、自由主义的研究视角完全不同，它从 1970 年卡列维·霍尔斯蒂（Kalevi J. Holsti）提出的"角色理论"中获得启发，将国家的共有观念视为影响一国外交政策的关键变量。而国家的共有观念的作用类似于"角色理论"研究框架下的角色定位，包括国家对于自身在国际体系中的认知和其与其他国家互动过程中产生的角色预期两方面（Walker S. G., 1987）。在共有观念形成的过程中，双方可以为自己和对方界定清楚身份和利益，从而做出对立或者合作的行为。如果构建的共有观念把彼此认为是敌人关系，将对方视为威胁，那么就会导致形成敌对的国际关系；反之，如果构建的共有观念使它们对彼此产生了高度信任，那么和平地解决国际问题就成为优先选择。值得注意的是，共有观念并不是永恒不变的，随着事件环境的变化，共有观念也会处于不断的构建过程中，那么对彼此身份和利益的界定随之变化，原先的敌对状态也会转变为合作状态。这可以解释为什么欧美国家在政治、经济、社会等多方面都可以达成一致，而中美双方的冲突有不断升级的趋势。就能源安全而言，除了现实主义强调的能源自足和军事力量保障，以及自由主义强调的制定制度，构建认同彼此的共有观念，也许可以实现持久的能源安全合作。

2.1.4 国际贸易理论

国际贸易理论为全球能源局势演变对中国能源安全的影响提供了基本的路径。从国际贸易理论探讨这一问题，可以厘清全球能源局势演变中的不同国家在能源贸易中的角色扮演，刻画中国能源安全产生影响的具体方式。在本节中，本书试图解释两类问题：一是传统的化石能源国际贸易的特征；二是可再生能源对化石能源贸易的替代效应，进而分析中国能源安全受到的影响。

经典的国际贸易理论主要是从生产要素角度阐述国际贸易产生的原因，劳动生产率、要素禀赋、技术差距产生的生产水平的不同成为国际贸易产生的基础。在亚当·斯密（Adam Smith）的绝对优势理论的基础之上，经典的国际贸易理论发展了很多代表性理论，包括李嘉图（David Ricardo）的比较优势理论、伊·菲·赫克歇尔（Eli. F Heckscher）和贝蒂·俄林（Bertil Ohlin）的要素禀赋理论、波斯纳（M. A. Posner）的技术差距贸易理论等。亚当·斯密认为，具有成本优势的国家会将产品出口到生产成本较高的国家，每个国家都应当生产自己具有绝对成本优势的产品来实现国家利益最大化。但是绝对成本优势却只能解释部分国际贸易产生的原因，却不能说明不具成本优势的国家为何会出口产品到其他国家。李嘉图将绝对优势替换为比较优势，重新解释了不具绝对优势的国家能够进行能源贸易的行为。但同绝对优势贸易理论一样，比较优势贸易理论也是从劳动生产率角度去分析国际贸易，而要素禀赋理论则认为资本、土地等所有的生产要素同等重要。国家之间的要素禀赋差异、利用要素的强度差异都可以解释国际贸易产生的原因。在比较优势理论的基础上，后期研究对生产要素做了更全面的补充，包括人力资本、技术水平等。总体来说，经典的国际贸易理论从产品生产角度考察了国际贸易产生的原因，资本、劳动力、技术的比较优势成为国际贸易产生的主要原因，各个国家会选择生产自身具有比较优势的产品来交换自己不具优势的产品，从而实现整个社会团体的利益最大化。

随着经济的不断发展，经典的贸易理论已经不能适应新的国际经济形势，国际贸易结构已经发生了明显的变化，现代国际贸易理论应运而生。代表性理论包括新生产要素理论、需求偏好相似理论、产品生命周期理论和差异化产品理论。其中，新生产要素理论继承了传统国际贸易理论的观点，将自然资源、人力资本、信息技术、研究开发等均作为新兴生产要素对待，去解释不同的生产要素差异如何在国际贸易中发挥作用。然而，需求偏好相似理论与之前的研究思路不同，第一次从需求角度去考虑国际贸易存在的原因。需求偏好相似理论由瑞典经济学家林德（Staffan B. Linder）提出，他认为需求结构的相似性是工业品双向贸易产生的基础。收入水平是影响需求结构的主要原因，人均收入差距的缩小意味着需求结构会越接近，也意味着两国之间的贸易量越大。另外，以产品生命周期理论为代表的动态贸易理论，继续细化了经典的比较优势理论和要素禀赋理论，从产品的整个生命周期解释了不同的产品在不同阶段所使用的生产要素不同，从而造成了产品在国际贸易中的动态流动。除了生产要素和需求角度，还有一些学者探讨了规模经济、消费偏好、企业垄断等方面补充说明了现代国际贸易产生的原因。

现代能源贸易理论由要素禀赋理论（H-O 理论）演变而来，具有代表性的资源贸易理论包括由坎普（Kemp）和朗（Long）提出的"资源贸易综合理论"（Hybrid Theory）和可替代资源贸易模型。资源贸易综合理论是将资源的可耗竭性考虑在内，在模型中加入一个"霍特林法则"（Hotelling's Rule）下的可耗竭资源要素，并保留原先的李嘉图要素，李嘉图要素生产中间产品，而中间品和资源一起投入生产最终产品。同时资源贸易综合理论部分推翻 H-O 理论中的稳态时的定理和命题，在过渡状态中论证动态状况下的生产过程。经过论证，坎普和朗发现，如果在相同的位似偏好的假设下，可耗竭资源丰裕国会出口资源密集型产品。在这种条件下，作为缺油少气的中国势必需要从别国进口能源，对其他国家的能源贸易产生依赖，进而造成潜在的能源安全风险。可替代资源贸易模型是在上文提到的资源贸易综合理论下的扩展模型，它假设可耗竭资源存在替代品，并且这种替代品是由李嘉图要素生产，推导在这种情况下的生产和贸易模式。可替代资源贸易模型认为，假设太阳能是石油的替代品，那么最优的生产模式是石油被完全耗尽之后，再选择用太阳能替代石油。从石油转向太阳能之前，国家的出口产品会从能源密集型转向劳动密集型，而太阳能完全替代石油之后，国家会重新出口能源密集型产品。由此看来，在传统的化石能源局势中，国家之间的劳动密集型产品占主导，而在可再生能源替代化石能源阶段，能源密集型产品会替代劳动密集型产品，成为主要的国际贸易产品类型。

2.1.5 可持续发展理论

马克思的生态哲学思想分析了自然、人类和社会三者之间的辩证关系，为可持续发展提供了理论基础。马克思认为，自然界是经过人类实践活动改造的人化自然，自然和人类在人类实践的基础上是统一的；同时相较于人类和人类社会，自然处于优先地位（马克思和恩格斯，1995）。人类依附于自然界，自然界为人类提供存在的物质基础和精神基础（马克思和恩格斯，1995）。人类作为自然界中存在的高等动物，具有可以改造自然的主观能动性，但是其活动范围受到了自然基础的限制。自然界的存在是生命个体的集合，具有生命个体有限性的特征，这就意味着对自然的无限索取会导致自然生态不可逆转的改变和破坏。如果人类活动超过了自然可以承受的范畴，这些活动不仅会影响生态自然的正常运转，还会进一步反馈到人类社会，使人类失去生存的空间和基础。虽然人类活动受到了自然的约束，但并不意味着人类在自然面前束手无策。人类可以根据自然规律，在生态环境可承受的范围内改造自然，让自然为人类生存提供更优质的服务，实现人类和自然界的长久和谐共生。

可持续发展的概念发展已久，但还没有十分确切的定论，仍处于不断修正与完善中。到目前为止，可持续发展理论的发展大致可分为三个时期，以 1972 年的联合国人类环境会议和 1987 年发表的《我们共同的未来》报告为关键节点（Mebratu，1998）。第一阶段，人类生存的可持续性已经得到了广泛关注，众多学者先后指出如何能实现全体人类可持续性的良性发展，代际公平、资源限制和环境承载力成为关注的重点，人与自然、人与人的和谐相处得到了广泛的讨论。第二阶段，1972 年召开的联合国人类环境会议被视为第一座里程碑，会议深入探讨了人类社会发展与环境破坏的关系，提出正视经济发展对环境的恶劣影响以及环境保护的重要性。1987 年，《我们共同的未来》报告从代际公平的角度理解可持续发展的内涵，强调当前人和后代人之间公平的利益分配。

自此以后，学术界引发了对可持续发展的广泛讨论，从时间角度、空间角度对可持续发展的内涵进行了补充。但是直到现在，可持续发展的内涵仍然是一个模棱两可的概念，并在实际管理中难以实施（张晓玲，2018）。

可持续发展理论是一个综合性话题，涉及生态、经济、社会多领域，从形成到发展衍生出了众多理论。可持续发展理论的兴起，源于学界对生态环境污染和资源有限性的关注。1962 年，美国生态学家蕾切尔·卡逊（Rachel Carson）发表《寂静的春天》一书，严肃地指出了工业污染对生态环境的致命破坏，使人类深刻认识到环境问题的严重性和紧迫性（蕾切尔·卡逊，1997）。随后，美国经济学家鲍尔丁（Kenneth E. Boulding）提出的"太空船地球经济学"，指出地球资源的有限性和环境污染对未来社会的威胁。另外，1972 年以德内拉·梅多斯（Donella Meadows）为代表的美国环境学家，指出人类需求无限性与地球资源有限性之间的巨大矛盾（Meadows 和 Rome，1973）。当人们意识到可持续发展问题的重要性时，陆续有很多学者转向研究可持续发展模式。社会、环境和经济是支持可持续发展的三大系统，在可持续发展中具有同等重要的地位（李晓灿，2018）。而在实践中，由于人类需求与资源环境的不匹配，需要折中选择可持续发展的优先级。优先满足人类需求的弱可持续发展模式和优先保护环境的强可持续增长模式的选择成为研究的热点，绿色经济、低碳经济和循环经济得到广泛关注（张晓玲，2018）。其中，绿色经济强调经济的韧性发展和对环境的保护，实行通过生态资本实现经济发展的模式。低碳经济则是推广社会生产生活中的低碳方式，通过减少二氧化碳的产生来减缓全球气候变暖。循环经济则是倡导资源的循环利用，达到对自然环境影响最低的效果。另外，公平问题也是可持续发展理论的关注焦点，可持续理论下的公平问题包括代内公平和代际公平两方面。代内公平是指在全球体系下各个国家、区域、民族被公平对待的新型国际关系，强调了对贫困人口和发展中国家的权益保护。代际公平主要是考虑到有限的资源和环境权益在当代人和后代人之间的公平分配。当代人需要将现有的资源保存完整，以维护后代的权益，强调"后代人优先"原则。然而，方行明等人批判了这一原则，他们认为，以"后代人"为先的代际公平理论忽视了工业文明的价值，在理论上也难以实现当代人和后代人之间的公平分配。并提倡从权利与责任视角重构可持续发展的公平原则（方行明等，2017）。总体来看，生态、环境、资源、经济之间的关系处理和代际人类之间的公平是可持续发展理论的关注焦点。

在实际衡量标准和操作层面，可持续发展的动力、质量和公平被认为是可以反映可持续发展本质的三个基本元素（牛文元，2014）。科技创新作为实现可持续发展的主要手段，仍然是克服发展停滞的关键。另外，需要改变资本组合方式，实现人力资本、自然资本、生产资本和社会资本等各类资本的高效利用和合理配置（任龙，2016）。发展的质量是可持续发展的根本要求。可持续发展与其他发展方式不同，它追求的目标不仅是经济增长，还有经济与生态的协同发展。发展的公平是在可持续发展过程中的基本原则，包括人际公平、区域公平和代际公平三方面（牛文元，2012）。可持续发展要求努力缩小贫富差距，实现全体人类的财富共享；同时本区域发展不得损害其他区域发展，保证区域公平发展；另外，可持续发展要求本代人在资源利用和生态环境等层面不得剥夺后代人享有同等待遇的权利，实现全人类的代际公平。

2.2 文献综述

2.2.1 文献检索情况概述

本部分首先对能源局势及能源安全两个主题词的中外文文献数量趋势进行对比分析，通过检索 WoS 及 CNKI 两个数据库中的相关主题词，挖掘中外文文献在相关领域的关注度信息并进行相关分析。

2.2.1.1 文献检索范围

使用 Web of Science（WoS）和中国知网（CNKI）关键词检索结果分析了探讨"能源局势"与"能源安全"相关话题的中外文文献数量趋势、研究方向及国家分布，检索时间为 2022 年 2 月。在 WoS 中，对"能源局势"设置检索词为"energy geopolitics"或"energy game"或"oil geopolitics"或"gas geopolitics"；对"能源安全"设置检索词为"energy security"。在 CNKI 中，对"能源局势"设置检索词为"能源局势"或"能源博弈"或"石油局势"或"天然气局势"；对"能源安全"设置检索词为"能源安全"。需要特别说明的是，与"能源局势"相关的主题词还可能包括"地缘冲突""国际争端""国际关系"等；同样地，与"能源安全"相关的主题词可能包括"能源转型""能源贸易""能源供应"等。为了避免可能的重复或漏选某些关键领域，本书仅选取与能源局势与能源安全最直接相关的关键词进行检索，以准确全面地考量既往研究文献包含的信息。

经过上述检索过程，在 WoS 数据库中，共检索到"能源局势"主题相关文献 20860 篇，"能源安全"主题相关文献 64713 篇，在 CNKI 数据库中，共检索到"能源局势"主题相关文献 1528 篇，"能源安全"主题相关文献 10467 篇。

2.2.1.2 研究趋势分析

关于"能源局势"的研究趋势，根据 WoS 数据库的检索结果，相关外文文献数量共 20860 篇。相关研究自 2000 年起呈逐渐上升的趋势，近几年每年发文量在 2000 篇左右（图 2-1）。其中，在该领域发文量最多的国家是中国（7192 篇，占比 4.48%），其次是美国、英国、加拿大、澳大利亚、法国等国家。据此可见，世界大国对能源局势的研究关注度都较高。相较外文文献，有关该主题的中文高水平文献相对较少，但自 2002 年起也持续呈增长趋势。

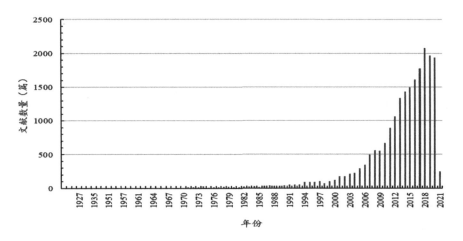

图 2-1　WoS 能源局势相关研究数量趋势

数据来源：Web of Science 数据库。

关于"能源安全"的研究趋势，根据 WoS 数据库的检索结果，相关外文文献数量 64713 篇，近四年年发文量超过 6000 篇，高于能源局势相关研究（图 2-2）。能源安全相关研究起点可以追溯至 19 世纪早期，表明国际学术界对能源安全领域研究开始更早。整体研究数量在 2001 年之后出现大幅增加趋势，表明对本领域的学术关注度在快速提升。本领域发文量最多的国家仍然为中国（18196 篇，占比 8.12%），是第二名美国的近两倍，其次是英国、印度、德国等。可见，中国学界对能源安全领

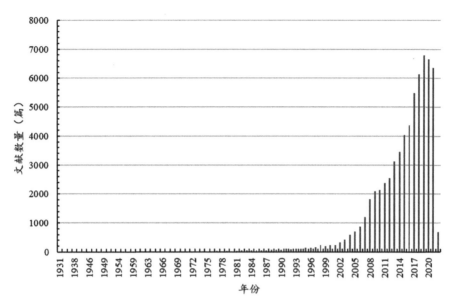

图 2- 2　WoS 能源安全相关研究数量趋势

数据来源：Web of Science 数据库。

域研究的关注度高于其他国家和地区，这可能与中国面临的能源安全形
势更为复杂有关。

　　相较外文文献，国内文献对能源安全的研究起步相对较晚，20 世纪
70 年代后文献量才开始逐步增多，这与中国参与国际能源市场的时间相
一致。中文文献对能源安全的关注度同样在 2001 年后出现快速上升趋势，
如图 2-3。

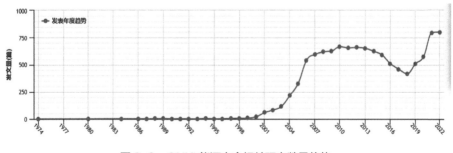

图 2-3　CNKI 能源安全相关研究数量趋势

数据来源：CNKI 数据库。

2.2.1.3 相关文献计量分析

本书使用 CiteSpace 软件进行关键词聚类文献计量，主要观测能源局势与能源安全领域研究热点及变化趋势。本书使用知识图谱来展示可视化聚类结果。

（1）能源局势关键词聚类、频率与突变分析。图 2-4 展示了能源局势相关关键词的聚类分析结果。与能源局势相关研究最多的主题词分别为"能源安全""能源效率""能源贸易""欧盟"等。可以发现，国际学术界在关于能源局势的研究中，与能源安全相关的文献在数量上最多。

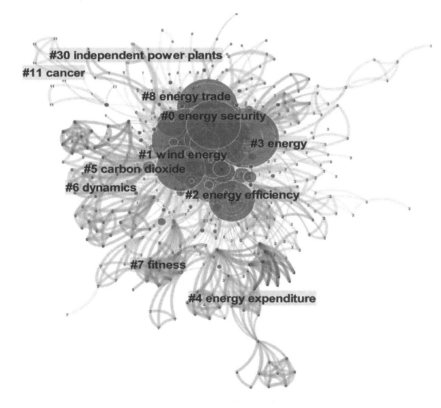

图 2-4　能源局势关键词聚类分析

进一步对各关键词的出现频数进行时间趋势分析，图 2-5 展示了 WoS 数据库中能源局势相关主题词的文献趋势计量分析知识图谱。可以看出，从 20 世纪 90 年代到现在，学界关注度较高的话题基本为能源安全、可再生能源及能源效率，在 2010 年前后碳排放的关注度较高。具体而言，从 1987 年到 2000 年，关注度较高的主题词为能源安全、能源效率及风能，但节点较为松散，表明虽然持续出现发文量较高的情况，但并不密集连续；2000 年之后至今，三个主题词均出现较为明显的密集连续发文现象，其中尤以"能源安全"相关研究最为明显。可见不论是数量还是趋势，能源安全都是能源局势的焦点话题。

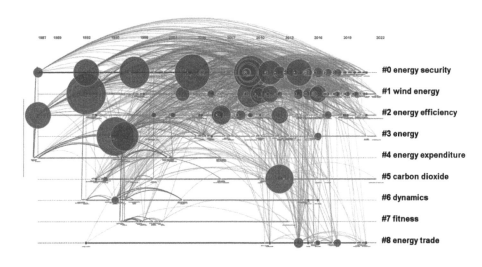

图 2-5　能源局势关键词趋势分析

接下来针对关键词进行突变分析，以观测相关研究领域在时间趋势上的重要研究话题转变。如图 2-6 所示，可以看出，2013—2014 年能源局势与能源安全相关联的研究数量激增。另外，从 2019 年开始，能源转型、可再生能源的研究数量也大幅增长。其中，能源转型的突变强度值最高，为 9.29，表明近年来国际学术界在能源局势分析中，对能源转型主题的研究热度大幅上升。

Subject Categories	Year	Strength	Begin	End	1979 - 2022
energy transition, 1000, CW, VL, PG	1000	9.29	**2019**	2022	
renewable energy, 1000, CW, VL, PG	1000	4.77	**2019**	2022	
road initiative, 1000, CW, VL, PG	1000	4.71	**2019**	2022	
energy security, 1000, CW, VL, PG	1000	4.27	**2013**	2014	

图 2-6　能源局势关键词突变分析

（2）能源安全关键词聚类、频率与突变分析。图 2-7 展示了能源安全关键词聚类分析结果，与能源安全相关研究数量最多的主题词是"能源外交""能源安全指数""可持续发展""食品安全""二氧化碳排放"等，这些主题词的分布从一定程度上反映了能源安全相关研究涉及的话题、内容及方法。可以看出，多数关于"能源安全"的研究与能源外交等能源局势问题相关联，同时关注研究方法、气候变化等领域。

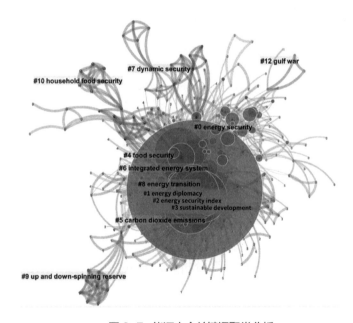

图 2-7　能源安全关键词聚类分析

进一步通过知识图谱对各关键词的出现频数进行时间趋势分析，如图 2-8 所示。可以看出，相较于能源局势，能源安全的高频研究节点在时间上更为广泛。在 20 世纪 90 年代，"可持续发展"占据了主要地位，而到了 2000 年，"能源外交""能源安全指数""碳排放""能源转型"
话题逐渐取代"可持续发展"成为热点。其中，"能源外交"在 2000 年
后的发文趋势最为密集。这集中反映了能源安全与能源局势的紧密度，
同时也表明关于能源安全的内涵和测度等随时代而演化、从单一向多样
化转变。

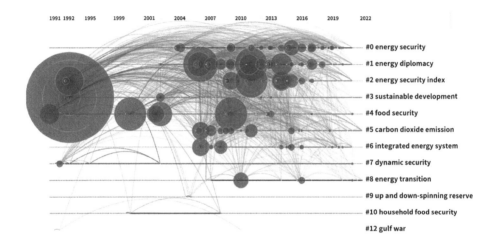

图 2-8　能源安全关键词趋势分析

　　关于能源安全的关键词突变分析结果表明，能源安全相关研究主题
突变的次数相较于能源局势明显更多。具体而言，在 2010—2019 年，与
能源安全相关的研究文献数量上涨的主题词经历了从能源供给到能源安
全测度量化指标的转变，而从 2019 年开始至今，能源消费安全、物联网
及能源转型研究数量激增，研究方向变化表现为从聚焦供给到聚焦消费、
从传统计量分析到考虑信息时代新兴因素的转变。同时值得注意的是，
与能源局势关键词一致，能源安全相关研究在近年来同样关注能源转型
（图 2-9）。

Keywords	Year	Strength	Begin	End	1991—2022
security of supply	1991	8.44	**2009**	2013	
energy security	1991	20.15	**2010**	2013	
indicator	1991	4.51	**2011**	2013	
efficiency	1991	4.46	**2014**	2015	
optimization	1991	5.33	**2016**	2019	
scenario	1991	3.55	**2016**	2018	
index	1991	3.84	**2017**	2019	
perspective	1991	3.54	**2017**	2018	
internet	1991	4.88	**2019**	2020	
consumption	1991	4.76	**2019**	2022	
internet of thing	1991	3.73	**2019**	2022	
internet of things (iot)	1991	3.61	**2019**	2020	
energy transition	1991	3.6	**2020**	2022	

图 2-9　能源安全关键词突变分析

综合以上分析，关于"能源局势"与"能源安全"的研究紧密地联系在一起，"能源局势"多数研究以"能源安全"为落脚点，"能源安全"多数研究以"能源局势"为核心要素。同时，两者均关注能源转型带来的变化。两者之间有所区别的是，能源安全的内涵随时代的发展有了更多变化，在研究能源局势时，需持续关注能源安全内涵的变化并探寻其新的测度方式。

2.2.2 能源局势形成与演变原因研究

能源局势的形式不是静态单一的，而是由多能源、多地区、多市场组成的复杂多变的动态系统。为明确能源局势的内部状态及动态演变，有必要对能源结构和能源转型进行解析，区分化石能源和可再生能源；厘清不同国家、不同主体在局势中的角色扮演；考察不同能源组织之间的冲突、竞争和合作的模式，进而可以更好地研究能源局势演变对能源安全的影响（Colgan，2014）。另外，需要特别说明的是，在传统的能源局势研究中，相对于其他化石能源，石油与全球局势的关系更为紧密。石油政治是能源局势的主要力量，而天然气和煤炭等其他能源居于次要地位，这与石油市场的特点有关。一方面，石油资源贸易规模较大，价格相对单一和统一；另一方面，石油利润较容易被政府获取，这些特点使石油成为局势研究中的核心研究对象。本节将继续采用这一视角，主要从石油角度综述相关文献。

能源局势的形成源于能源市场中心的存在及相应能源权利的掌握，而物质条件、环境条件、技术条件和经济驱动力构成了能源局势可以演变的基础条件。

首先，人们普遍认识到，一些矿物燃料及其运输路线的存在会导致能源局势冲突的发生。Ciută（2010）认为能源与政治冲突具有三大类关系，即能源是冲突发生的目标、原因或手段。在第一类关系中，冲突的最终目标主要是通过占领对方国家领土和侵犯主权，并获得能源资源禀赋，即能源是政治入侵中的目标之一。在第二类关系中，能源的存在是冲突产生的原因，因为能源生产或消费破坏了社会稳定或者造成环境压力，从而促成或加剧了政治冲突。在第三类关系中，能源成为一种政治武器，被用作侵害其他行为者国家安全或者实现其他与能源无关的目标（Månsson，2014）。

其次，能源局势冲突的发生需要特定的政治和经济环境，发生冲突的国家往往具备一些独特的国家和能源特征。石油国，尤其是石油输出国，参与或发起冲突的平均速度远高于非石油国（Colgan，2010）。其中，既有石油收入又有革命领袖的石油革命国家（Petro-Revolutionary States）比其他国家挑起冲突的速度更是高 3.5 倍（Colgan，2014）。能源方面，集中分布的初级资源、能源市场出口商的数量及多样性、基础设施及终端用户的脆弱性均成为影响局势冲突风险的原因（Månsson，2014）。

另外，技术进步是推动能源局势演变的根本要素，通过技术竞争争夺自身局势的主导地位和安全(Shou-jun et al.，2017; Fischer，2018)。当前，技术进步和能源革命使全球化石能源相对充足，而新冠肺炎疫情等全球大规模流行病导致能源需求急剧下降，能源市场结构的变化改变了各能源行为体的市场预期和行为模式，进而导致能源地缘关系的改变（富景筠，

2020）。能源市场的局势效应由传统的能源资源争夺转变为能源出口市场博弈。而未来，随着能源转型的推进，以中国、美国为代表的经济大国在绿色技术方面将更具优势，在局势中拥有更领先的地位；而传统的石油大国，由于在基础设施和现代技术方面的不足，将在很大程度上失去优势地位（Ardakani et al.，2021）。Krane（2018）研究了美国页岩油革命前后的局势状况，生动地描述了技术进步对美国在能源局势中的影响。一方面，页岩油革命大大减轻了美国石油供应的局势风险的影响，同时伴随着其他非OPEC来源的石油进口，进一步加强了美国的能源安全，并伴随着中东在美国能源战略中的地位降低。然而，随着全球对于新能源的开发，地缘战略关系开始出现变化，全球能源局势演变的发展又变得模棱两可。

最后，对于产业转型、促进就业和出口等经济目标和能源安全的追求成为能源局势变动的直接驱动力。传统理论认为，全面气候行动面临"囚徒困境"的局面，各个国家面临减排阻碍经济的负激励，无法通过积极的低碳能源转型实现温控2℃目标。然而，最近的研究推翻了这一观点。首先，发展新兴产业、促进就业和出口、提升国际贸易竞争力等因素成为推动能源低碳转型的新动力。同时，对于中国这样的能源进口国来说，减少昂贵的能源进口支出可以增加GDP和就业（Li 和 Cao，2022）。这些成为全球实现低碳转型的有力证据，也意味着全球宏观经济和能源局势发生巨大改变。另外，低碳转型有助于包括欧盟、中国和印度在内的传统能源进口大国实现能源独立、加强能源安全（Gökgöz 和 Güvercin，2018），这进一步推动了全球能源局势的演变。

2.2.3 能源局势构成与表现研究

2.2.3.1 能源局势的构成

能源局势构成的本质是以国家能源权利为核心的要素集合，具体包括权利的主体角色与地理分布、为争夺能源权利而使用的能源政策、能源权利影响下的能源关系。

首先，众多研究从国家、技术、区位探讨了能源局势中国家或者地域的角色扮演与功能定位问题。例如，针对欧洲和俄罗斯之间的化石能源局势博弈，欧洲对俄罗斯的能源依赖、俄罗斯对欧洲的能源制衡以及欧亚大陆的能源过境国等诸多问题得到了研究者们的关注（Erşen 和 Çelikpala，2019；Högselius 和 Kaijser，2019）。还有大量研究关注了在能源转型过程中占据新能源技术优势地位的国家和可能逐渐衰退的传统能源生产国。例如，Hughes 等人研究了在可再生能源产业领域占主导地位的中国和美国，通过可再生能源的部署会如何改变能源局势的运行模式（Hughes 和 Meckling，2017）。Goldthau et al.（2019）关注了被迫走向低碳经济的石油国家，研究这些国家会选择继续维持自身的传统能源地位还是选择离开原先的能源系统。另外，除了从国家角色扮演层面研究局势的构成，还有一些文献从地域角度探讨能源开发和利用对局势的影响。例如，能源储量丰富且大量资源尚未被开发的北极地区，成为众多国家追求能源安全的战略阵地之一（Offerdal，2010；Weidacher，2016）。

其次，为争夺能源权利而使用的能源政策是影响能源局势权利发挥的有效工具。对于能源生产国或者出口国来说，涉及能源市场实行的战略或者政策十分丰富，可以包括能源价格协商、长期合同的能源销量控制、能源资产所有权的掌握、允许修建能源运输管道等多方面（Orttung 和 Busteland，2011）。而对于能源消费者或者进口国来说，市场规则的制定是管理能源局势地位的有效手段。例如，Goldthau 和 Sitter（2015）发现，欧洲能源经济软实力下的单一欧洲市场规则，通过促进中游基础设施建设和上游投资发展，帮助欧盟很好地稳定了能源地位。另外，对于可再生能源来说，碳排放许可证、碳关税成为可再生能源局势中的新工具（Wang et al.，2012）。

最后，技术竞争、地缘关系、供需关系是能源局势的具体形态（崔守军等，2020）。其中，技术竞争和能源局势是紧密结合的。一方面，能源局势风险提高了技术水平，而局势制约因素对技术发展至关重要。另一方面，国家之间为了争夺能源局势主导地位和能源安全，通过技术发展带来能源局势中自身的角色与地位演变（Khan et al.，2022）。而能源地缘关系是能源竞争和合作的基础，为能源外交提供了软环境，是国际能源供需变化的前提。

2.2.3.2 能源局势的空间维度：冲突与竞争

与能源生产国有关的国际冲突，尤其是石油和天然气出口国，常常被认为与能源有直接关系。能源引发国际冲突，进而影响能源局势，波及全球能源安全。众多学者对能源政治引发国际冲突的途径进行了探讨。结果发现，能源价格纠纷、能源资产所有权、侵略性能源外交政策是国际冲突发生的直接原因（Van 和 Colgan，2017）。

能源局势中的竞争和冲突受到广泛关注，竞争与冲突往往相伴而生，全球能源供应竞争在各国支持卷入其他国家冲突的武装团体中发挥决定性作用（San-Akca et al.，2020）。虽然能源不是构成国际冲突的全部原因，但能源冲突与竞争已经成为能源局势的常态。美国轰炸利比亚（1986）、海湾战争（1991）、伊拉克战争（2003）、俄罗斯干预克里米亚和乌克兰（2014）等局势事件的发生和复杂的演变过程充分展示了能源地缘格局的冲突常态（Peña-Ramos 和 Amirov，2018；Lehmann，2019；Alshwawra 和 Almuhtady，2020；Liu et al.，2021）。这些局势事件的发生深刻揭示了能源局势冲突和竞争的演变规律：复杂的博弈最终使霸权国家获益，而自我保护能力差的小国家成为能源利益的牺牲品。

另外，还有一些文献关注了可再生能源和石油消费国形成的竞争格局。可再生能源竞争格局似乎与化石能源格局背道而驰。就可再生能源国际贸易而言，到目前为止并没有引发战乱或者军事袭击事件，而是形成了更能抵抗需求减少冲击的竞争格局（Furlan 和 Mortarino，2018）。同时，传统的能源消费大国或区域在可再生能源竞争和贸易格局中占据重要位置，包括中国、日本、德国等地，这些地区在可再生能源竞争中更具优势（Wang et al.，2021）。另外，能源竞争格局下并不只存在于能源生产国之间，石油进口国之间的竞争也成为全球竞争格局中的重要组成部分。从区域来看，亚太地区是全球能源需求最旺盛的地区，也是能源竞争最激烈的区域。同时，全球整体竞争强度持续上升，非经合国家成为主要驱动力。从国家来看，以中美为代表的大型石油进口国在全球石油贸易竞争中发挥着重要作用（Zhang 和 Chen，2014）。

2.2.3.3 能源局势的时间维度：能源转型场景

能源结构是能源局势的物质基础，决定着格局的发展趋势。就当前而言，全球气候变暖和碳排放限制活动已经成为影响能源结构的最大变量，能源转型场景成为能源局势的时间维度表现。戈德索等人（Goldthau et al.，2019）探讨了能源转型影响下的全球能源局势演变的可能场景，根据能源转型的效果，按照可再生能源快速发展和化石能源仍占主导地位描述了能源局势的四种情况。情景一和情景二分别是通过政策、资金和合作等手段，推动绿色交易以及相关技术突破来实现全球能源系统快速脱碳。而情景三和情景四对能源转型持悲观态度，认为偏激的民族主义和毫无成效的能源转型继续使化石燃料占主导地位。目前，大多数基于给定的条件分析这些情景下能源局势的特征，主要包括三类研究：

在第一类研究中，传统的化石能源的销售策略成为影响石油生产国局势影响力的重要因素。随着可再生能源的发展，化石能源需求和生产逐渐减少（Sassin，1983）。在这种情况下，化石能源生产国可以采取两种销售策略，提高产量以尽可能占据市场份额，或者保持价格不变以维持长期利润。假设以沙特为代表的 OPEC 组织是拥有石油能源成本最低、储量最多的地区，同时该地区放弃高油价策略以降低替代能源的竞争力（Mirchi et al.，2012）。那么 OPEC 组织的市场垄断行为将导致加拿大、美国、南美等石油生产区的石油产量大幅下降。而在收益方面，俄罗斯、美国和加拿大将会受到明显的负面影响（Okoh，2021）。与此同时，中国、印度和欧洲等地区将会从低廉的石油价格中受益（Ogihara et al.，

2007）。

在第二类研究中，不同的技术突破可以实现化石能源和可再生能源不同的消费结构，进而形成不同的局势。也有学者在前期的基础上进一步探讨了不同技术条件下能源转型的局势见解。在"技术突破"场景中，发电技术和碳减排技术可能导致新的大国竞争和不同的区域能源集团（Ellabban et al.，2014；Yu et al.，2019）。如果是有关可再生能源发电技术实现突破，那么中美等国将占据主导地位（Cong，2013），同时欧洲存在边缘化的风险，而俄罗斯等传统能源生产国被淘汰出局（Bazilian et al.，2020）。而如果是针对化石能源碳排放的技术，比如，碳捕捉与存储技术（CCS）和负排放技术则会减慢化石能源退出市场的步伐，那么传统的能源生产国可以继续保持优势（Greig 和 Uden，2021）。总之，能源转型的过程中充满了局势风险，局势在能源转型的进程中扮演相当重要的角色。

在第三类研究中，纯粹的可再生能源系统重塑了能源局势新格局，产生了不同的能源转型"胜利者"和"失败者"。并且能源特征与化石能源系统特征保持一致，那么可再生能源局势中具有战略优势的国家将是那些能够平衡能源供给和提供存储服务的国家，同时这些国家的转变可能很大程度上减少局势风险（Scholten 和 Bosman，2016；Sattich et al.，2021）。

2.2.3.4 综合维度：转型进程中的竞争与合作

在能源局势的表现中，除了单纯地关注冲突、竞争或者能源转型，还有一些研究从综合视角分析能源转型中的国际冲突和合作。在这种情况下，能源转型将给全球带来巨大影响，改变各国能源实力和能源地位，冲突和合作往往不是割裂的关系，而是相伴而生。

在经历不稳定的化石能源供应稀缺的时代之后，能源格局发生了戏剧性的改变。化石燃料面临随时被淘汰的局面，迫切需要"高碳转型"；而可再生能源成为能源低碳转型的关键要素。布朗迪等人（Blondeel et al.，2021）倡导用一种整体系统的方法去研究能源局势，在全球框架下捕捉这两种转变之间的关键相互作用。一方面，与化石燃料有关的紧张局势仍在继续，围绕资产、租金以及碳预算的冲突在增加。另一方面，大量新研究聚焦于可再生能源和电气化带来的紧张局势。与传统格局一致的是，低碳能源体系的冲突与博弈仍然与能源生产、贸易和消费有关，具体包括能源生产、关键材料供给、相互依赖的贸易关系和新的国际贸易形式等要素（Hache，2018）。然而，传统能源的国际贸易规模将会下降，取而代之的是低碳技术提供的全球生产网络，围绕技术的国际竞争被各国奉为新的追求目标（Blondeel et al.，2021）。另外，气候因素推动的低碳国际协议的形成促使可再生能源成为新的局势力量中心，但是由于可再生能源的生产与消费性质同化石能源不同，可再生能源生产的多中心导致它带来的局势影响力可能将弱于化石燃料（Paltsev，2016）。

能源局势的演变过程并不是单一的，冲突与合作并存。杨宇等人考察了中国与中亚（包括俄罗斯在内）各国的国际能源合作模式发现，虽然因为价格因素、局势导致中国与俄罗斯的合作并不是一蹴而就，但是随着俄罗斯与乌克兰之间的冲突升级，中国与俄罗斯的能源合作又出现新的机遇（杨宇等，2015）。由此看来，局部的能源冲突可能衍生出新的能源合作。同样，能源合作也不是一种十分稳定的状态，可能由于能源利益的竞争而转化为冲突。例如，当前北极地区能源和矿产资源丰富，被视为国际能源合作的典范，但随着化石能源需求的不断扩张，国际竞争经济和国家主权问题不时出现，北极地区的和平稳定状态可能被打破，升级为冲突（Dadwal，2014）。

在能源局势中，虽然生产者掌握着更大的能源权利，但是消费者不会坐以待毙，同样也会积极争取更大的局势优势。在经济、政治和社会等多方面，能源消费国会积极对话供应国和过境国，积极参与能源贸易过程，投资、双边贸易、政治干预、战略伙伴关系水平以及社会和文化联系都可以成为地缘关系涉足的层面（Kulkarni 和 Nathan，2016）。另外，为了免受局势对能源安全的威胁，能源消费还会改变自己的能源进口来源，转向与自己地缘关系友好的国家，并通过结盟方式提升自己能源进口的话语权（Goldthau 和 Boersma，2014）。

2.2.4 能源局势演变对能源安全的影响研究

2.2.4.1 影响前提：对外依存

大多数研究表明，对其他国家的过度依赖被认为是局势威胁能源安全的原因之一，能源对外依存度提升势必影响到全球能源贸易格局，这加剧了能源供应地、能源贸易通道、能源价格方面的博弈，引发了能源局势的一系列反应（Le Coq 和 Paltseva，2009；Umbach，2010）。反过来，对外依存度的不断提高意味着能源贸易成为国内能源供应和消费的重要来源，而局势的波动，破坏了能源贸易的稳定性，进而恶化能源安全状况。能源贸易状况与能源对外依存度之间存在着双向反馈关系（Högselius 和 Kaijser，2019）。首先，能源贸易发展是一国能源对外依存度提高的自然过程，然而，能源贸易的便利化、安全性在很大程度上影响着大国能源战略布局，这又反馈影响到能源对外依存度水平。然而，也有作者对此持不一样的观点。季等人（Ji et al.，2019）研究了 OPEC 对中国、日本和韩国石油进口安全的影响发现，对外依存并不是决定能源局势风险对能源安全影响的唯一动因，在对外依存情况类似的情况下，OPEC 对中国和韩国的影响在增加，而对日本的影响却随着时间在减弱。

分研究对象来看，中国、美国和欧洲等大型能源进口国的对外依存度水平及其变化情况最受研究者重视（Li et al.，2019）。大量研究表明，美国自石油危机以后，一方面加大对主要能源贸易渠道的控制，另一方面通过多种方式增强能源独立性，其对外依存度出现明显下降（殷建平和张晶，2013）。而在美国页岩油革命成功之后，能源对外依存度不再成为威胁美国能源安全的重点。在以中国能源贸易为对象的研究中，均关注到了中国能源贸易自 2000 年起出现的"数量大增势猛、对外依存度高"等事实特征，除需求快速增长这一决定性因素以外，中国与主要石油供应国、过境国之间维持了平稳的能源贸易关系是形成这一特征的重要因素（程中海等，2019；郑国富，2019）。

另外，绝大部分研究针对对外依存度问题，在能源贸易、能源结构和能源效率等方面提出了解决方案。就能源贸易而言，通过能源进口来源的多元化，建立互信互惠机制，以其他经济利益交往获取自身能源供应保障（栾锡武和石艳锋，2019），或者扩大在全球能源市场的制度性影响力等。但也有学者认为化石供应商的多样化可能导致对专制国家的新依赖（Siddi，2016）。另外，能源消费的减少是降低能源对外依存度的直接方案。这可以从两种思路入手，一是提高化石能源的使用效率，二是对可再生能源的关注和投资。另外，有研究关注到，能源对外依存度与日俱增，对中国可再生能源发展做出了重大贡献。通过发展可再生能源，有助于中国能源安全的可持续发展，支持中国能源独立，并有效缓解了化石能源带来的生态环境破坏压力（Wang et al.，2018）。另外，还有一些研究关注了在能源局势中不占主导地位的小国对能源依赖问题的处理（Högselius 和 Kaijser，2019）。由于依赖进口石油，能源价格上涨、生产国政治局势动荡、能源供应中断等局势风险状况均对这些国家的能源安全造成了威胁。相较于大国采取多元化能源进口、增加能源储备、能源技术研发与选择等措施来保证能源安全，小国在这些方面并不具优势。但是小国可以设法获得能源贸易的关键枢纽地位来改善自身的能源安全状况（Erşen 和 Çelikpala，2019；Austvik 和 Rzayeva，2017）。

2.2.4.2 影响路径

能源贸易是能源局势影响能源安全的基本路径。石油政治冲突影响能源贸易主要源于三种动机：一是意图找到符合自身利益的全球石油工业结构，即"所有权和市场结构"；二是通过控制石油生产国的石油收入来达到改变产油国内部行为体的目的，即"生产者政治"；三是石油消费国管理其经济和军事方面对石油的不确定性和需求状况，即"消费者准入问题"（Colgan，2013）。这些目标的实现，可以通过资源战争、能源制裁、能源运输的管理等方式。就当前而言，随着全球能源和经济市场的不断成熟，以及能源转型的趋势，石油"所有权和市场结构"的重要性逐渐下降，"生产者政治"和"消费者准入"成为能源局势影响能源贸易的主要路径。

众多文献关注到了能源局势对能源市场的影响机制，包括能源供应和能源价格两方面。例如，伊拉克战争表现出能源局势的一种趋势，加强的大国竞争有利于主导全球能源丰富的地区和关键的运输走廊，进而实现全球能源供应的控制，虽然事实表明这种单边的控制存在一定的障碍（Williams，2006）。另外，石油生产国之间争夺影响力的复杂竞争，尤其是沙特阿拉伯和伊朗之间的竞争，包括土耳其、卡塔尔和阿拉伯联合酋长国之间的竞争，正在改变中东。由于沙特阿拉伯及其海湾盟国试图影响地区军事和局势结果，引发了一场导致油价暴跌的市场份额战争，地区冲突因俄罗斯的积极军事参与而变得复杂，已经波及全球石油市场（Jaffe 和 Elass，2015）。

能源贸易作为能源局势影响能源安全的主要路径，学术界做了大量工作，从国家视角和能源视角等方面对能源贸易进行了深入探讨，主要包括以下三方面：

1. 国家视角

能源局势问题与能源贸易发展相伴而来，且在很大程度上影响着能源贸易的格局与走向，众多研究从国家视角分析了不同的能源局势变化对能源贸易和能源安全的影响，主要集中在两方面。一是主要能源大国内部能源供需变化对全球能源局势版图的影响，如张晓涛和易云锋（2019）探讨了美国页岩气革命、特朗普能源新政通过重塑现有全球能源供给格局对能源局势的影响。二是能源贸易国的双向互动对能源局势关系变化的影响。如 Mikael 和 Antto（2016）的研究认为俄罗斯对不同利益关系的国家采用不同的天然气价格，以此作为"胡萝卜"和"大棒"实现其地缘战略目标；熊琛然等（2019）通过构建能源地缘经济关系评价模型，对俄罗斯与中日两国能源地缘经济合作关系进行了定量评估，发现日俄两国的地缘经济合作关系整体下降，这也导致日本在俄罗斯原油贸易中的份额变少，而中俄之间呈现了正向的地缘经济合作和能源贸易关系。

2. 表观能源贸易视角

能源贸易是一个多层次、多环节的动态过程，不同能源之间、不同环节之间、不同国家或集团之间相互交织，形成了不同的能源贸易过程。总体来看，从表观能源贸易视角研究局势对能源安全的影响主要包括以下三方面：

首先，化石能源贸易网络是一个多层次的结构，煤炭、石油、天然气会相互影响。但相对来说，天然气网络稳定性最强，而石油网络稳定性最差。局势因素是影响网络稳定性最重要的因素。另外，随着能源贸易网络的发展，可再生能源的地位明显提高（Gao et al., 2015）。

其次，能源供应链反映了能源从生产到消费的全过程，孙（Sun）等人从石油供应链角度描述了能源局势对能源进口安全可能造成的风险。其中，供应商的可用性风险、交通可达性风险、基础设施可接受性风险等内部物质破坏风险均是能源局势风险的来源之一（Sun et al., 2017）。对于中国来说，不同阶段具有不同的风险特征，对应的能源安全战略也不同。

最后，还有大量研究全球能源格局中能源贸易网络集团的形成和存在。季等人（Ji et al., 2014）借助复杂网络分析了全球石油贸易核心网络及石油贸易的特征。结果发现，"南美—西非—北美" "中东—亚洲—太平洋地区" "俄罗斯—北非—欧洲" 是当前主要的三大石油贸易集团。但是在不同的集团内部，各个国家的贸易地位不同，进而导致了不同的贸易网络稳定性。

3. 隐含能源视角

能源消费的环境影响一直是能源安全关注的重点。随着能源系统的低碳转型，能源安全视角下能源系统的环境评估范式也发生了改变。相对于运行过程（operational）中的能源，学界更多开始关注生产链中的隐含（embodied）能源（Grubert 和 Zacarias，2022）。能源安全不仅涉及能源贸易层面，也体现在其他能源产品层面。隐含能源的进出口也可以反映国家层面的能源安全状况。将能源密集型生产活动转移到其他国家，虽然可以减少直接的能源使用，但由于更多地依赖隐含能源进口，那么能源安全性实则更加恶化（Moreau 和 Vuille，2018）。为避免潜在冲突对能源安全的威胁，应将隐含能源纳入能源安全的考察范围之内。

众多研究运用复杂网络理论和投入产出数据研究了全球隐含能源流动的演化特征。例如，史等人（Shi et al.，2017）关注了全球部门间隐含能源流动问题，结果发现，80% 的隐含能源消耗在国家生产过程中并且呈现增加的趋势，同时各行业倾向于从其他国家的行业进口更多能源。单一行业的隐含能源问题也受到广泛关注。郭等人（Guo et al.，2019）认为隐含能源的转移反映了全球供应链的地区不平等问题，并运用不平等指标证明这种特征。结果发现，81.67% 的地区建筑业能源不平等指标超过 0.80，证明建筑业消耗了大量的进口隐含能源。还有一些学者认为能源流动中的有效能（exergy）可以更好地反映实际的能源权利的分布。郝晓青等人通过考察全球化石能源贸易中的有效能流动发现，即使全球化石能源贸易活动在不断扩大，但是能源权利仍掌握在俄罗斯、美国、日本和沙特阿拉伯几个国家手中（Hao et al.，2016）。

2.2.4.3 影响效应

能源局势对能源安全的影响主要借助对能源贸易的影响。一方面，能源局势事件或者政治风险对能源贸易产生了破坏效应和转移效应，改变能源局势，进而改变能源安全状况；另一方面，能源局势的变化可能造成能源价格的波动，造成能源市场的信号混乱，并影响能源安全局势。

能源局势对能源贸易产生了破坏效应和转移效应，且两种效应相伴而生。例如，通过能源制裁手段对能源贸易产生破坏效应，实施制裁的国家直接减少了与目标国相关的能源贸易规模，但这随后会迫使目标国寻找新来的贸易伙伴，发生转移效应。Tabrizi 等人对欧洲对伊朗的能源制裁进行了研究，研究表明，2012 年期间欧洲对伊朗的石油禁运使亚洲国家获得了很好的石油进口来源，亚洲约获得了伊朗原油出口的 2/3（Tabrizi 和 Santini，2012）。Popova 和 Rasoulinezhad（2016）利用面板重力贸易模型对 2006—2013 年间伊朗与欧盟和亚洲 50 个国家的双边贸易格局进行了分析。结果发现，制裁对伊朗 - 欧盟双边贸易产生了显著的负面影响，同时对伊朗和亚洲国家之间的贸易产生积极影响（Popova 和 Rasoulinezhad，2016）。Rasoulinezhad 和 Popova（2017）进一步探讨了能源制裁、油价冲击和伊俄贸易的关系，仅对伊朗和俄罗斯两个国家应用了重力模型，并用矢量误差修正法进行了估计。总体估计结果表明，能源制裁和油价冲击对伊俄贸易产生了负面影响。国内研究较多地关注了中国和日本之间的政治冲突对贸易的影响。邝艳湘和向洪金对能源局势的贸易破坏与转移效应进行了实证研究（邝艳湘和向洪金，2017）。结果表明，破坏效应与冲突级别正相关，但存在一定的滞后性。同时日本的贸易转移效应小于中国。周泳宏和王璐进一步对这种破坏效应进行了定量分析，结果发现中日间的能源局势对日本出口到中国的产品产生了负面影响，而且短期影响比长期影响更为显著（周泳宏和王璐，2019）。

　　能源局势中政治风险是一个不可忽视的因素，它可能影响到国际能源价格，进而影响能源市场的投资决策，对能源安全产生多方面冲击（Chen et al.，2016）。部分研究主要从政治学角度进行理论分析与定性描述，如余家豪（2019）对能源转型带来的局势风险进行了分析，认为能源转型致使能源生产国的影响力发生此消彼长的变化，一些治理能力比较薄弱的国家，可能发生国内政治动荡甚至蔓延到国界，形成周边安全问题。此外，依托于电网和数字化技术的大规模可再生能源应用，也会加剧网络安全风险。近年来，采用定量方法研究能源局势风险的文献呈现上升趋势。由于能源局势的表现形式十分多样，十分难于衡量。早期研究中，美联储经济学家开发了一种基于新闻事件的局势评估方法，用于衡量能源局势事件对石油市场的影响（Caldara et al, 2019）。研究发现，海湾战争前后、9·11事件后、2003年伊拉克入侵期间、2014年俄罗斯—乌克兰危机期间以及巴黎恐怖袭击之后局势风险指数（GPR）飙升。高局势风险导致实际活动减弱，股票回报率降低，资本从新兴经济体流向发达经济体。Bouoiyour等人进一步将局势风险的来源细分为局势行为和局势威胁，分析两者对能源价格的影响。结果发现，相对于政治威胁，政治行为对油价动态产生了更强烈的影响。但局势事件导致的石油供应中断、民粹主义上升、能源市场波动均使油价对局势威胁产生了不可预见的反应（Bouoiyour et al., 2019）。但也有学者对此持反对意见。Noguera-Santaella的研究发现，局势事件仅在2000年之前对石油价格产生了积极影响，但在2000年以后这种影响变得微乎其微（Noguera-Santaella, 2016）。Monge等人也有类似的发现。通过研究"二战"后不同军事冲突和政治事件前后的西得克萨斯中质原油（West Texas Intermediate）的实际油价，也没有发现局势事件前后的显著差异（Monge et al., 2017）。

2.2.4.4 多能源系统下能源局势对能源安全的影响

可再生能源局势与传统的化石能源局势在地理和技术特征上有根本的区别，这会使区域关系和能源安全发生全新的变化（Scholten et al., 2020）。可再生能源会使区域关系更加平等和多中心，同时改变能源贸易伙伴和它们的互动。以往研究在探讨可再生能源对能源局势的影响持不同观点。一类人认为可再生能源的崛起伴随相应增加的用电量需求，与化石能源一样，会产生新的能源局势风险与能源安全风险。虽然形式发生变化，但影响的本质是相同的。另外，虽然可再生能源在国际安全层面比化石燃料更具优势，但是可再生能源的存在会加剧与关键材料相关的能源网络安全风险和紧张局势（Vakulchuk et al., 2020）。也有学者对此持相反态度。例如，Overland（2019）认为可再生能源的出现已经改变了传统的能源局势面貌。首先，可再生能源供给需要的关键材料与传统分布在特定地带的矿产资源不同，关键材料产生的局势竞争风险是有限的；其次，化石能源带来的资源诅咒并不一定会发生在可再生能源国家；最后，不同于传统的石油供给中断，跨境断电不适合被当作局势武器。可再生能源形成的局势将不再拘泥于地理位置和矿产资源，而转向技术和知识产权。Lucas et al.（2016）进一步对可再生能源与能源安全的关系进行了深入研究，支持了可再生能源部署通过实现能源多样化加强能源安全的观点，明确了能源转型背景下能源局势和能源安全的具体影响路径。与以往研究不同的是，他们认为可再生能源的部署并没有减少欧洲化石燃料的使用，即没有减少欧洲能源的对外依赖和化石燃料带来的碳排放。Cergibozan（2022）的研究也部分支持了可再生能源降低能源安全风险的观点，同时他对可再生能源进行了分类，结果发现风能、水电对经合组织国家的能源安全发挥了重要作用，而生物质能和太阳能对此没有显著影响。

2.2.5 文献评述

总体而言，关于能源局势的考察以及其对能源安全影响的研究十分丰富，但在研究视角和影响路径上仍存在一定的局限性。

首先，前期研究往往从单一静态视角分析能源局势的表现，没有捕捉到能源转型这一过渡状态的时空特征。不仅忽略了政治格局的基本要素在空间维度的互动与组合，例如，竞争、合作、冲突的同时空存在，也没有考量能源格局在时间维度的动态演变的多样性，即化石能源与可再生能源的交织存在的复杂性。如何用一种整体的方法将能源局势的时间维度表现和空间维度表现纳入一个分析框架中，成为本书需要重点解决的问题，也成为对当前研究的可能的边际贡献之一。

其次，基于以上的文献综述可以得知，目前有关能源安全的研究大部分是从能源系统本身出发，聚焦于能源的直接贸易和生产、供给、价格等单一角度，缺乏隐含能源安全视角的分析，对能源安全的综合考量也不够全面。这主要有两方面原因：一是因为对能源安全的内涵与外延认识不够清晰，忽略了能源具有政治、经济和环境等多重属性。能源安全属于国家总体安全的一部分，对能源安全的审查，必须将其置于政治层面、经济产业层面和生态环境层面中综合考虑。二是因为对能源安全的影响因素考虑不够全面，对单一要素或者个别要素的考虑导致只能片面反映能源安全受到的影响。例如，局势事件的发生往往与能源价格的波动有关，空气污染、碳排放的发生往往与能源的清洁转型有关，而当前全方位、多视角对能源安全进行考察的研究相对薄弱。

最后，学术界对不同国家或者区域在能源局势中的功能定位和角色扮演进行了大量的研究，但对各个国家的多重身份与角色转换认识不足。这种角色认知往往被认为是单一特定和被动客观的，忽视了国家在能源发展和相关政策调整方面的主观能动性的发挥以及由此带来的角色身份的可转换性。例如，中东地区被认定为是传统的能源生产区域，土耳其、乌克兰被认为是重要的能源过境国。但忽视了各个国家在宏观政策调整方面的主观能动性，以及由此带来的能源角色和地位转变。

以上研究的不足之处，正是本书拟突破的关键科学问题和创新的主要领域。

2.3 本章小结

本章首先概括性地介绍了本研究所立足的政治经济学、能源经济学、环境经济学等学科领域的理论基础。其次围绕能源局势与能源转型的相关研究进行了文献计量分析和文献综述。通过文献计量分析发现，关于能源局势与能源安全的研究都呈上升趋势，且两者存在紧密的关联。最后，经过系统性的文献梳理，提出了当前研究的不足与可拓展之处。

第 3 章

全球能源局势演变
对中国能源安全影响的
分析框架

　　本章在前文研究背景、理论基础和学术文献梳理基础上,从影响因素、关键变量分析了全球能源局势演变的原因与关键变量,提出了当前能源局势演变的主要特征,分析了其对中国能源安全的影响路径,推演了影响结果,提出本研究的基本假说。本部分旨在构建覆盖短期和中长期能源安全影响的系统性分析框架,从理论上剖析全球能源局势演变的主要形式对中国能源安全的具体影响,为在后续三个章节中展开对三个关键科学问题的实证分析提供理论支撑。

3.1 全球能源局势演变的影响因素

　　受多种因素的影响,能源局势表现出不同的时代特征,包括经济生产力、政治因素、能源结构、资源禀赋、技术因素、环境因素等方面(Correlje 和 Linde,2006;Campos 和 Fernandes,2017;Burke 和 Stephens,2018;Paltsev,2016)。原始封建社会对能源的需求有限,以薪柴燃烧为主,通过自给自足即可满足,没有大规模的使用和交易,能源局势更无从谈起。随着社会生产力的不断发展,人类对能源的需求与日俱增,薪柴已经不能满足经济社会发展的要求,煤炭的开发和使用开辟了人类工业化社会的新时代。"二战"期间,随着石油资源的发现以及燃油设备的发明改进,石油开始逐步替代煤炭,成为全球最主要的化石能源之一,石油局势也由此开始形成。随后,化石燃料的不可再生性、对地球生态环境的破坏以及对政治冲突的诱导等多重因素引发了国家对于能源安全的担忧,各国开始积极寻求新的可替代燃料。可再生能源的开发和利用成为解决这些问题的关键,而全球气候变暖则进一步加速了向可再生能源转型的进程,这些新因素导致能源局势表现出前所未有的状态和特征。能源发展轨迹表明,经济生产力和技术水平的提高是推动能源世代更替的决定性因素,政治与外交关系等因素的变化影响着国家之间的能源贸易关系。

除此以外，由于人类活动对生态环境的长期持续性的破坏，人与自然的矛盾日益凸显，环境因素成为约束当前能源活动的新变量。这些因素通过各种路径深刻影响着当前能源局势的变动。当前，能源转型正处于关键时期，化石能源开始逐步退出历史舞台，可再生能源的消费规模也在缓慢扩大，碳中和目标的提出推动着能源转型的步伐，政治因素、技术因素、环境因素、经济因素成为当前能源局势变化的主导因素。

3.1.1 政治因素

政治因素对于全球能源局势的演变发挥着至关重要的作用。虽然技术因素对于可再生能源能否大规模替代化石能源发挥着绝对的基础性作用，但是它并不能改变传统的化石能源国家对能源利益的追求，政治因素是决定能源转型程度的关键（Goldthau et al.，2019）。能源转型推动着全球能源局势演变的深刻演变，而演变的速度、方向和范围都与政治因素息息相关。

短期来看，化石能源仍然是主要的燃料类型，化石能源构成的供需格局仍是全球能源局势演变的核心构成。以往，石油危机的爆发导致的能源供应中断、化石能源价格上升对能源消费国的能源安全是传统能源局势问题关注的重点，而当前能源安全问题从消费国转向生产国，伴随着能源转型的进程和全球经济增长乏力等原因，全球化石燃料需求低迷，化石能源资产面临被大量搁浅的风险（Kalkuhl et al.，2020）。全球减缓气候变暖的行动导致各个国家开始控制和放缓对化石能源的使用和投资，而可再生能源成本降低和技术提高进一步推动了可再生能源对化石能源的替代，这导致巨大的化石能源利润在短期内可能快速消失，使传统的能源生产国面临重大危机。化石能源格局的政治属性凸显，全球主要能源生产大国，主导着全球能源市场的走向，成为影响化石能源局势的重要变量。如何在有限的市场需求下实现剩余化石资产价值最大化成为这些国家最关切的问题，竞争和合作在生产国之间表现出强烈的不稳定性。

在这种条件下，如果仅考虑经济因素，两种极端的选择：一是能源出口国可以扩大产量抢占市场份额来实现最大收益，但是容易导致全球能源价格下降；二是能源出口国可以选择适当的合作方式来保持能源市场的稳定和剩余利润的公平分配。然而由于政治因素限制了经济因素诱导下极端手段的出现，全球主要的石油生产商开始利用政治手段权衡抢占份额和平衡市场的优先级。

政治因素与全球局势存在密切的关系。在当前的能源地缘关系中，能源垄断势力被进一步瓦解，能源合作与能源竞争共存。在能源供给方面，化石燃料行业对当代政治生活的掌控似乎无处不在，OPEC 组织对市场力量的运用，强有力地保证了它们在全球能源供给中的份额，也极大地威胁着全球能源安全的状况（Brown 和 Huntington，2017）。但除了 OPEC 组织之外，美国、俄罗斯等政治大国和石油生产商也是全球能源局势演变的核心力量，尤其是页岩油革命的成功，使美国在全球能源供给中的份额处于领先地位。OPEC、俄罗斯和美国三者主导下的能源合作和能源竞争是影响当前能源局势的主要形式。OPEC 组织和非 OPEC 组织之间的能源生产竞争（Ludkovski 和 Sircar，2015），美国和俄罗斯利用"石油武器"实施的能源制裁，北美、欧洲和亚洲各国之间潜在的能源消费竞争，能源生产和能源消费竞争下原有合作关系的破裂和新合作关系的建立（An et al.，2020；Lisin，2020；Yilmaz 和 Li，2018），无一不在冲击着能源局势。

3.1.2 技术因素

本书认为，根据研发难度和影响力度，技术进步可分为技术发明和技术革新两种类型。技术发明不同于技术革新，技术发明更强调在全新领域分支的创新。而技术革新强调在现有技艺上的改进，实现生产效率的提高。类似于页岩油开采的成功归功于技术革新，而可再生能源的创新开发利用则属于技术发明，因为可再生能源的利用直接改变了人类能源获取的载体，从煤炭、石油、天然气等传统载体变为风、阳光或者流水，对人类社会发展更具有颠覆性影响（邹才能等，2022）。

技术革新可以推动国家能源的发展，获取不同的能源比较优势，进而改变能源局势。技术革新对于能源发展有多重影响，具有革命性意义的影响包括对能源利用方式的改变（李爽等，2022），而对能源效率和能源强度等方面的促进节能作用也同等重要（王林辉等，2022；叶红雨和李奕杰，2022）。技术革新对于能源发展具有决定性作用，这使得各国对于能源技术的追求从未停止。对于能源生产国而言，能源行业是国家的支柱行业，能源收入成为国家财政收入的主要来源，通过积极发展自身的能源技术，可以降低能源开采和加工等生产成本，增强能源产品竞争力，进而在能源局势生产格局中占据优势，巩固自己的能源地位。在 2020 年新冠肺炎疫情暴发初期，由于全球能源需求急速下降，能源价格下跌严重。沙特阿拉伯和俄罗斯相较于其他国家的能源生产状况更为稳定，其开采成本低于全球平均水平，而进入鼎盛发展时期的页岩油在美国却遭遇了大面积破产，尤其是对于能源开采成本较小的企业来说。沙特阿拉伯在新冠肺炎疫情期间的全球能源主导地位凸显，多次召开全球会议协商联合减产事宜，主导着全球能源供给的规模和地理分布。而对于能源消费国而言，技术发展对能源消费、能源效率和能源强度的改变虽然对能源局势没有直接的影响，但是可以改变经济增长与能源消费的关系，减少经济发展对能源的依赖，从而间接影响能源消费格局。

需要注意的是，除了对能源生产和消费产生影响之外，技术进步可以推进新能源类型对旧能源类型的替换迭代，改变能源禀赋的空间分布，直接改变能源局势的存在形态。开采技术水平的提高可能将未开发资源转化为可利用资源，进而使国家获取资源禀赋优势，页岩油革命和可再生能源的发展均隶属于这种情况。就页岩油革命而言，美国虽然是全球较大的能源消费国，但也是全球重要的能源生产商，尤其是在计算机技术创新和钻井技术的突破下，美国的能源生产优势开始凸显，彻底改变了传统能源局势生产格局（Jaffe，2016）。新型资源——页岩油资源成为美国新的能源禀赋优势（刘新等，2014），推动了美国"能源独立"愿景的实现，也给全球能源局势生产格局给予强有力的冲击。而可再生能源生产加工技术的提高也改变了传统能源国的能源资源禀赋优势，使包括欧盟和中国在内的众多传统化石能源消费国可以直接获取新形式的能源，改变了它们在传统能源局势中的地位。

3.1.3 经济因素

经济因素影响能源局势变化的方式是最直接的，主要包括生产要素和能源价格等方面。生产要素对能源格局的影响主要指资源禀赋在能源格局中的基础性作用。一般来说，一个国家的资源禀赋越丰富，其能源供应能力也相对越强，因而对全球能源局势演变的操控就越有优势。例如，OPEC 组织的局势影响力体现在其控制全球石油市场的供给和价格的能力，这来源于其优越的石油成本优势和能量巨大的闲置产能。当全球石油供给短缺并引发能源价格暴涨时，OPEC 可能通过利用闲置产能稳定全球能源市场供应。同时，它也可以通过限制石油生产导致全球石油危机的爆发（Verleger，2013）。

此外，不同生产要素的比较优势构成了多样化的经济发展模式，由此决定了国家在全球格局中的角色扮演、功能定位以及能源话语权的大小。例如，中国早期的出口导向型经济发展模式使得它成为全球重要的制造中心，经济增长对能源的依赖带来持续增长的能源需求和大量的隐含能源消费问题，给自然资源和环境保护带来了隐藏的危机，间接地威胁了中国的能源安全（Hong et al.，2016）。

能源价格对于能源格局的影响主要是通过价格信号传递机制来实现（Coady et al., 2018）。能源价格的波动通过传递信息给生产者和消费者，引发生产端和消费端的异质反应。简单来说，在完全竞争市场中，能源价格升高导致生产商提高产量，同时消费者减少消费，反之亦然。然而，能源市场的政治属性使得价格机制在能源市场中的信号被扭曲（Ouyang et al., 2018）。

3.1.4 环境因素

环境因素对能源局势的影响主要表现为通过能源燃烧带来的生态环境问题对能源局势发展产生软性约束。控制本土化石燃料的污染排放问题是从大量的煤炭和石油燃烧导致严重的空气污染问题开始的，而全球气候变暖及各个国家的碳中和目标的提出进一步推动了化石能源的历史退出和可再生能源的发展，由此推动了传统化石能源格局向可再生能源格局的过渡和演变（Blondeel et al., 2021）。环境限制虽然极大地推动了能源转型的速度，但是这种限制是一种软约束，对于能源局势的影响程度具有一定的不确定性，这取决于各国对于既定环境目标实施政策的执行力度。随着碳中和目标被陆续提上日程，能源转型的前景似乎开始变得明朗，有关碳中和的立法也进一步强化了碳中和对于能源转型的约束力度（田丹宇等，2021），体现了政治因素对于环境因素作用发挥的制约和影响。另外，一定国别范围内的能源转型对能源局势的影响有限，但是气候变化对全球区域无差别影响驱动了国际共识的达成和国家合作的进程（Keohane 和 Victor，2016）。在这种条件下，国家层面的能源转型转变为国际事务，进而推动了能源局势的长期转变。

3.2 全球能源局势演变的关键变量和主要特征

　　能源局势的演变创建了新型的能源网络关系，重新分配了全球能源利益，引发各国的主观行为适应和政策调整，进而对中国能源安全产生全新的影响。如前文所述，包括政治、技术、经济和环境在内等因素，共同作用于能源局势，促成了能源格局在不同时间维度下的多样化表现及其对能源安全的不同影响。图 3-1 展示了能源局势演变对能源安全的影响路径，主要包括全球能源局势演变在时间维度和空间维度的关键影

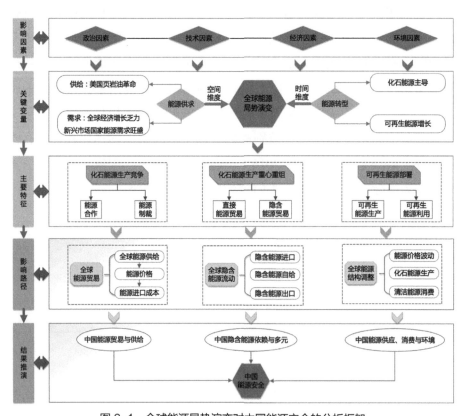

图 3-1　全球能源局势演变对中国能源安全的分析框架

响变量、当前全球能源局势演变的主要特征及其对中国能源安全的影响路径和影响结果推演四方面。本节优先分析全球能源局势演变的新变量和新特征，以期为下文分析能源局势演变对中国能源安全可能产生的新影响提供依据。

3.2.1 影响全球能源局势演变的关键变量

当前，能源局势演变受到多种变量的影响，化石能源供求重心转移和能源转型共同重塑了全球能源局势演变。

在空间地理维度，化石能源供给重心和能源消费重心均发生转移，全球能源贸易流向转变（林卫斌和陈丽娜，2016）。在供给方面，美国"页岩油革命"使它一跃成为全球能源生产大国和重要的能源出口国，这对全球能源供给格局产生极大的冲击，美国于 2017 年超过沙特阿拉伯和俄罗斯，成为全球第一大原油生产国。全球能源生产中心西移，从以沙特阿拉伯和俄罗斯的传统石油大国为核心转变为美国和两者的"三足鼎立"状态（张生玲和胡晓晓，2020）。另外，新兴市场国家经济的快速发展使得全球能源需求重心发生转移。中国和印度成为全球主要的能源进口国，改变了传统以欧洲和美国为核心的能源消费增长重心。虽然美国和欧洲的能源需求仍占据高位，但是由于经济增长和人口增长的相对稳定，以及石油被页岩油和可再生能源发展的部分替代，这些国家的化石能源需求增长速度也相对较缓。但是随着中国和印度在近几十年保持着令人吃惊的经济增长速度，中国和印度等亚洲国家成为全球能源需求新的增长极（Wang et al.，2018），全球能源进口呈现出逐渐东移的特征。

相对于全球能源供求格局转移，能源转型对于全球能源局势演变的影响更加复杂和深远（Palle，2021）。从全球角度来看，化石能源生产大国为了维护自身的利益，继续主导着全球化石能源市场和化石能源消费，使得在短时间内化石能源市场保持着相对稳定，但同时这也阻碍了可再生能源对化石能源的替代速度。而传统的消费大国为了尽快摆脱能源的对外依存,积极开发可再生能源,可再生能源的生产成本在逐步下降,增长势头明显。而从国家层面来看,使用化石能源意味着较为稳定的经济发展状况,但也面临着全球碳减排的困局(Jianchao et al.,2021);而可再生能源的使用仍然具有极大的不确定性,实现可再生能源对化石能源的替代,需要经历重大的经济转型、结构调整和制度改革。能源转型受到不同国际能源组织和国家能源转型代价的影响,具有极大的不确定性,全球能源局势的演变呈现出多样性。

3.2.2 当前全球能源局势演变的主要特征

人类社会发展对能源的依赖意味着能源生产对于经济增长的重要性,对于能源的追求是国家的永恒主题,全球能源局势演变的核心也表现为占据主体地位的生产端。在能源供求格局和能源转型的影响下,全球能源局势演变主要表现出三方面特征:全球化石能源生产重心重组、化石能源生产竞争激烈和可再生能源大规模部署。

3.2.2.1 全球化石能源生产重心重组

由美国页岩油革命导致的全球化石能源生产重心重组是现阶段全球能源局势演变的主要特征之一。能源生产重心重组对全球直接能源贸易产生的影响是不言而喻的,但是其中包含的隐含能源流动对于经济发展的指导意义更为重要。全球能源市场页岩油的增加替代了更多的化石能源,改变了全球能源贸易格局。但同时页岩油被消耗在中间能源产品和终端能源产品中,隐含地改变了不同国家之间的产品贸易,重新布局了全球产业结构,尤其在能源下游部门之中,进而改变了国际贸易格局。

隐含能源流动问题的本质其实体现的是经济增长与能源消费两者之间的解耦关系。国际隐含贸易能源流动格局与各个国家的经济发展模式密切相关。全球最终消费的能源仅占所有贸易中能源使用的 15% 左右,而其余能源均被消费在中间生产环节(Wu 和 Chen,2017),因此大部分隐含能源从以生产为导向的经济体流向以消费为导向的经济体。对于生产型国家来说，国际贸易隐含能源流出来源于中间能源产品生产和能源产品出口环节，并与经济增长正相关。而对于消费型国家来说，国际贸易隐含能源流入是能源产品进口和终端消费的体现。具体来看，在全球隐含能源流动格局中，欧美等发达国家属于隐含能源进口国，除了直接的能源进口消费以外，它们通过国际产品贸易获得更多的隐含能源（Tang et al.，2013；Wu 和 Chen，2017）。更为先进的生产力使发达国家拥有更多的技术比较优势，能源密集型产业被转移外包给其他国家，直接的能源消费减少。但是不断增长的能源需求造成了能源供给和消费之间的缺口不断扩大，本地倾向于从其他国家进口更多的能源产品来满足能源需求，进而导致隐含能源消费不断增加（Akizu-Gardoki et al.，2021）。而发展中国家往往在国际贸易中扮演生产者的角色，出口更多的产品供发达国家使用，从而造成更多的隐含能源流出。全球能源消费的不均衡也引发了学者们对于实现人类可持续发展的质疑。要想完成可再生能源对化石能源的完美替代，需要付出巨大的经济代价，大多数工业化国家需要将人均能源消费降低四分之三，并伴随着人均国内总产值降低到全球平均水平（Capellán-Pérez et al.，2015）。但是社会经济体系深刻的结构性改革和局势关系的根本转变有助于完成这一挑战。例如，Cui 等人的研究表明，对中国的能源密集型产业实施限制性出口政策可以有效降低国家的能源消耗，并促进产业结构升级（Cui et al.，2015），这进一步表明了全球能源生产重心改变影响下隐含能源流动问题的转移特征。

3.2.2.2 化石能源生产竞争激烈

化石能源竞争加剧是现阶段全球能源局势演变的另一个主要特征，是全球化石能源生产重心发生转移下的副产物（Ansari，2017）。化石能源资源过剩的潜在威胁和逐渐疲软的化石能源需求诱发各国对剩余能源价值的抢夺和控制，激发了能源生产国对于全球能源市场份额的竞争，能源市场博弈频发，这些间接导致能源霸权国家利用"石油武器"对其他国家实施能源制裁行为（Shapovalova et al.，2020）。在博弈过程中，能源常常被当作一种特殊的经济武器，实施侵犯性外交政策的霸权主义国家实施长臂管辖，通过能源制裁惩罚与自己理念冲突、利益相违的国家，巩固自己的能源地位。

国家合作行为与能源制裁往往相伴而生（Kim 和 Shin，2021）。一方面，局部的能源制裁行为会造成全球能源市场波动，甚至全球经济衰退，为了保持全球能源贸易稳定性，能源生产国之间会积极合作，保证全球能源的正常供给和能源市场的稳定运行，避免能源价格的过度波动对全球经济的负面影响。另一方面，国家合作可能仅仅是基于保障制裁实施效果和自身利益不被侵犯。通过积极有效的共同协商，制裁实施国之间加大能源制裁合作力度，保证能源制裁实施效果。同时在共同目标和利益的追求下，实施制裁的国家将能源贸易合作对象可能由外界不稳定供应来源转向彼此，加强利益挂钩，进而稳固政治信任和经济合作基础。

综合来看，能源局势变动对能源市场的影响受到能源竞争行为的直接影响，但是这往往只局限于小范围之内的个别国家之间，影响程度和范围有限。即使发生局部的能源供给的中断或者全球能源价格的波动，通过市场机制也会恢复如初。但在竞争过程中其他主体的能源地位和能源合作力量在全球能源市场中更起决定性作用。因而对于能源局部竞争行为引发的其他能源主体的系统反馈的考察，更能全面反映能源局势受到的全局影响。在考察能源博弈行为的影响时，必须统筹考虑能源竞争和能源合作的综合效应。

3.2.2.3 可再生能源大规模部署

可再生能源的发现和全球部署是当前能源局势演变最重要的特征（Cai 和 Wu，2021；Sattich et al.，2021；Su et al.，2021）。在可再生能源部署影响下形成的能源局势，从可再生能源生产方面和可再生能源利用方面与传统的化石能源局势有着本质的不同。在可再生能源生产方面，所有国家都可能以某种方式获得可再生能源，允许在本国生产和他国购买之间做出选择，这可能大大减少对于局势风险的任何担忧（Scholten 和 Bosman，2016）。在可再生能源利用方面，可再生能源的部署所实现的能源迭代，从根本上解决了人类社会和生态、环境及气候之间的矛盾，实现了人类社会发展和地球系统的协调发展。可再生能源的发展是影响未来人类生存发展的决定性变量，也预示着未来全球能源局势演变的总体走向，是当前能源局势演变的最核心的特征。

另外，可再生能源的全球部署赋予传统化石能源消费国与生产国不同的能源优势、地位与权利，甚至扭转了它们在全球能源格局中的角色定位。传统的能源消费国因为可再生能源的本土化生产而受益于能源对外依存度的降低，但同时必须承担减少化石能源消费带来的全球能源市场波动风险，即使通过化石能源的清洁化利用和能源效率的提高可以解决上述问题，但这从根本上无法在短期内改变它们与化石能源生产国的关系。而化石能源生产国不得不调整其经济政策，面对可再生能源部署带来的能源收入降低冲击。虽然可再生能源供应受制于多种因素，而不仅仅是可再生能源本身，因而可再生能源供应方的局势力量将会低于传统的化石能源局势力量，但是全球能源局势演变的权利重心也开始从化石燃料所有者转向正在开发低碳解决方案的国家（Paltsev，2016）。

3.3 全球能源局势演变对中国能源安全的
影响路径和结果推演

3.3.1 影响路径分析

3.3.1.1 全球能源贸易

化石能源生产竞争导致全球能源贸易发生变化，表现为能源贸易规模和能源贸易流向两方面，进而影响中国能源进口安全。图 3-2 描述了石油制裁对全球石油市场供需的影响。横坐标和纵坐标分别代表石油数量和石油价格，分别用字母 Q 和 P 表示。在短期内，石油的需求弹性和供给弹性较小，局部的石油制裁导致全球石油供给减少，供给曲线由图中 S_0 曲线向左平移到 S_1 曲线，供给规模由 Q_0 减少到 Q_1，而石油价格由 P_0 上涨到 P_1。根据一般均衡理论，作为石油的替代品，天然气和煤炭价格会随着石油价格的上涨而升高。这导致全球能源价格均升高，能源进口国的进口成本上升，并导致其能源进口减少。相反，能源合作会导致全球能源供给增加，价格下跌，对冲能源制裁对全球能源市场的负面影响。另外，能源制裁和能源合作会改变全球能源贸易网络关系，转移能源贸易流向。

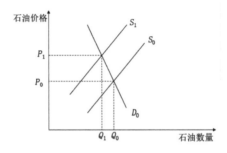

图 3-2　石油制裁对全球石油市场的影响

3.3.1.2 隐含能源流动

能源生产重心重组导致国际能源贸易网络变化，改变中国隐含能源流动走向（图3-3），并影响到中国的隐含能源安全。美国页岩油革命的成功导致全球能源生产重心西移，冲击了全球能源贸易网络。首先，美国的石油出口增加，全球能源价格下降，中国会进口更多美国的石油。中国隐含能源产品的能源消耗增加，影响中国隐含能源自给和隐含能源出口，中国可能向美国和其他国家出口更多的隐含能源。其次，其他国家会更多地进口美国石油，增加贸易产品中的隐含能源消耗，进而可能导致中国从其他国家的隐含能源进口增加。最后，美国从其他国家的石油进口有所减少，多余的石油会流动到中国和其他地方，增加其他国家国际贸易的隐含能源消耗，进而可能增加中国从其他地方的隐含能源进口规模。

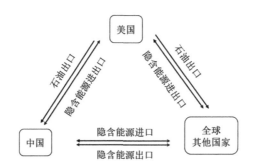

图3-3　美国石油增加对中国隐含能源流动的影响

3.3.1.3 能源结构调整

能源转型导致全球能源结构在加速调整，对中国能源安全的影响呈现出巨大的不确定性。伴随着可再生能源生产成本的降低，可再生能源生产规模在不断扩大。而化石能源也在被不断调整，以适应全球对于碳排放的限制。受到碳排放和可再生能源的替代双重限制，化石能源价格波动剧烈。长期来看，化石能源价格呈下降趋势。但是由于可再生能源本身的不稳定性、政治局势变动以及运动式减碳等能源转型过程中存在的困难，化石能源也表现出巨大的不稳定性，甚至在短期内出现反弹回升的迹象。但同时，能源价格的不稳定冲击了化石能源投资者的信心，许多石油投产项目计划被搁浅，长期来看全球化石能源供应量表现出下降趋势。另外，能源转型伴随着许多国家对于产业结构和经济模式的调整，严格的碳排放限制迫使高排放行业减产，或者转向低排放生产模式，能源结构调整对工业发展的影响在短期内也尚未可知，但清洁能源消费成为未来影响中国能源安全的关键变量。

如前文所述，当前全球能源局势演变高度复杂，对中国能源安全产生了多维影响。同时，能源安全内涵丰富，包括能源供给、能源价格、能源使用、能源结构等均是能源安全需要考察的内容。能源局势演变通过能源贸易、隐含能源流动和能源结构调整分别对中国能源贸易与供给、隐含能源依赖于多元以及能源结构调整产生了影响，进而对中国能源安全造成了直接的冲击或者隐含的威胁。其中，能源局势竞争可能导致中国能源进口减少，能源部门供给、能源贸易网络和能源下游部门也相应发生变化。而全球页岩油产量的增加通过能源产品贸易流动影响了不同国家或区域内部的隐含能源消耗及对外贸易关系。另外，可再生能源的全球生产和消费对中国能源安全产生了多方面的影响。

3.3.2 影响结果推演

3.3.2.1 全球能源贸易变动对中国能源安全的影响

全球能源贸易波动对中国能源安全的影响主要表现为对中国能源贸易与供给的变化的影响，包括能源进口与供给数量、能源进口来源与能源贸易关系、能源下游部门产出与经济增长等多方面。

对中国能源安全而言，全球能源贸易波动需要关注的情况主要包括能源进口和能源价格波动两方面。由于中国能源对外依存度较高，能源进口和能源消费规模较大，全球能源市场波动从石油市场传导到煤炭、天然气、石油制品等能源部门，给中国国内能源需求和供给产生了较大影响，进而威胁中国能源安全。同时，能源供给波动导致能源下游部门的产出也相应变化，并最终影响到经济增长。一方面，能源供给短缺导致下游部门投入原料减少，下游部门产出减少，消费和出口有所下降，经济增长受损；另一方面，能源价格增长导致下游部门成本升高，产品价格升高，消费、投资、进出口均受到不同层面的影响，进一步损害了GDP增长。

另外，能源贸易关系的变化也会给能源安全的进口稳定带来潜在的风险。虽然能源制裁和能源合作在短期内只局限在几个国家，但这种影响往往会影响到全局的能源贸易关系。从能源出口国来看，局部的能源供应中断通过全球能源贸易网络直接导致其贸易伙伴的进口减少。而由于不同国家的能源生产成本存在差异，在全球能源价格波动的情况下，生产国会调整相关的生产和贸易布局，从而影响到能源消费国的进口来源结构。从能源进口国来看，能源价格波动导致局部地区的能源局势风险加大，这导致能源消费国在选择能源合作伙伴时，规避能源供给风险较大的国家，倾向于能源供给稳定的国家。在能源生产国和能源消费国的双向调整下，全球能源局势演变发生新的变动，能源贸易关系也随之改变。

3.3.2.2 全球隐含能源流动对中国隐含能源安全的影响

隐含能源流动可以反映出本国隐含能源消耗的变化，隐含能源消耗的持续升高或者对部分国家和产业的过度集中均是潜在能源安全风险的具体表现。隐含能源消耗包括生产侧和消费侧两方面，生产侧和消费侧的隐含能源消耗均来自隐含能源自给和隐含能源流动方面。其中，隐含能源自给反映的是国内能源产品消费中本土能源产品供给所占的比例。本土比例越高，能源安全风险越小；相反，隐含能源进出口规模越大，能源安全相对越危险。而对隐含能源进口的过度依赖会使能源产品供给容易受到外界能源产品供给规模和供给价格的影响，进而导致消费侧能源消耗不稳定。另外，隐含能源出口的规模增加可以反映经济发展对能源消耗的依赖，不利于经济和能源关系的解耦，使得经济发展和产业转型受阻。隐含能源出口在国际层面的过度集中不利于维持能源产品出口贸易的稳定性，也容易受到隐含能源进口国的政治反攻。

对于以出口导向型为经济发展模式来说，生产侧能源消费大部分用于隐含能源出口，而出口流动可以反映生产活动的能源流动去向和由此带来的额外的环境成本，间接表明能源的使用安全情况，可以从以下三方面降低这种成本。第一，从能源消耗的微观层面来看，对隐含能源出口占比较大的产品进行有关产业转型的政策干预，有利于缩短产品生产周期，节约能源资源，提高产品质量和生产效率，间接减少生产活动导致的生态破坏。第二，根据能源消耗在不同产业部门间的流动情况和相关的经济指标，调整能源产业的贸易结构，推动经济的可持续发展。第三，从宏观层面来看，调整国际贸易隐含能源结构，有助于改变经济增长模式，由生产型经济转变为消费型经济，提高经济系统对外部能源环境冲击的韧性，推动国民经济系统的平稳运行。

3.3.2.3 全球能源结构调整对中国能源安全的影响

能源结构调整涉及多层面，核心表现为可再生能源对化石能源的替代，从而直接消除传统化石能源给能源安全造成的隐患。如果实现可再生能源对化石能源的完全替代，既可以满足中国经济增长对能源的刚性需求，保证能源供给安全和消费安全，又可以避免化石能源的可枯竭性和环境污染导致的发展困局，减少生态环境破坏，加强能源环境安全。

第一，能源结构调整可以降低国家能源对外依存度，保证能源供给安全。一方面，中国对传统化石能源的需求不断增加，能源效率的提高对能源进口的控制作用亦不明显，能源对外依存度在短期内无法控制。而调整能源结构，增加可再生能源在一次能源消费中的占比，可从根本上扭转我国化石能源对外依存度不断升高的局面。另一方面，中国大部分化石能源来源于政治局势动荡不安的中东地区，而主要的能源运输通道又严重依赖马六甲海峡和霍尔木兹海峡等核心战略通道，这导致中国的能源贸易面临的环境十分艰险，贸易摩擦频繁。而减少化石能源使用意味着中国在能源进口战略方面拥有更多的选择权，从而间接保障能源供给安全。

第二，化石能源消费需求的减少，有效抑制了化石能源价格暴涨的风险，加强了中国能源消费安全。经济的可持续发展可能伴随着化石能源消费规模的不断增长，而化石能源的严重对外依赖无法为经济发展提供良好的环境。可再生能源对化石能源的替代，在满足不断增长的人均化石能源消费的前提下，还避免了化石能源市场波动对经济发展的破坏，保障了中国能源消费安全。另外，可再生能源增加提高了化石能源的需求弹性，间接抑制了化石能源价格上涨，进一步加强了能源消费安全。

第三，化石能源燃烧带来的温室气体排放和环境污染问题已经成为制约当前经济运行的主要因素。减少化石能源消费，可以直接减少化石能源消费导致的碳排放，同样对雾霾等环境污染问题产生协同效应，而可再生能源的清洁性生产和消费则彻底根除了化石能源消费带来的生态环境隐患，加强了能源环境安全。

3.4 全球能源局势演变
对中国能源安全影响的基本假说

为分析全球能源局势演变对中国能源安全的影响，需将能源局势的演变原因与其对能源安全的影响路径置于一体统筹考虑。参考关于能源局势演变和能源安全的相关理论及研究成果，本书统筹考虑能源转型与供需格局变化主导下的能源局势演变及其对能源安全的影响，并构建如下基本假说：

假说1: 全球化石能源局势竞争对中国能源供给安全存在较大的影响。

化石能源局势竞争对能源安全的影响主要是由能源贸易规模变化和全球能源价格波动两种机制产生的，能源制裁、能源合作和能源反制裁等国家行为是竞争格局中的主要表现。首先，在化石能源局势竞争格局中，不同国家具有不平等的能源权利和能源地位，而局势竞争过程中，能源政治地位较低的国家往往会受到来自大国的制裁和打压。但这种制裁往往是为了某些政治目的或者能源利益，因而对于制裁具有一定的局部性，只会使被制裁方及其能源贸易伙伴和全球的能源进口大国面临暂时性的短缺和价格上涨风险。同时，严苛的能源制裁可能引起被制裁方的反制裁措施，以期被解除制裁，但是由于政治力量薄弱、能源权利较小、能源地位较低等诸多因素，反制裁措施的选择范围受限，这导致被制裁方可能选择比较极端的反制裁措施，并对全球能源造成比较大的冲击。另外，能源制裁影响下的能源市场波动，可能进一步引发一系列的能源合作和博弈行为。能源市场波动对全球各经济体都会产生影响，稳定全球能源市场的正常运行符合能源生产国和消费国的共同利益。因而，在能源制裁发生以后，其他能源生产国极有可能选择增加能源产量，来维持全球能源市场稳定，这会阻止全球能源价格的持续上涨，并最终导致全球其他国家受到的影响有限。而中国作为全球主要的能源进口国和消费国，且石油进口高度依赖于政治局势不稳定的中东地区，因而全球化石能源局势竞争导致的能源市场波动极易对中国能源供给安全产生较大的影响。

假说2：美国页岩油革命导致中国隐含能源流动规模扩大，加大了中国隐含能源流动的潜在风险。

美国页岩油革命给全球能源市场补充了更充足的石油供给，也为中国提供了更多样化的能源选择。由于中国石油对外依存度在不断攀升，中国的能源需求远超出本土生产，能源价格也居高不下。在这种情况下，美国的页岩油产量增加为中国提供了更多廉价丰富的能源，并进一步加大了中国的能源消费。随着中国工业化和全球化水平的不断提升，中国的制造业等产业规模进一步扩大，进而创造了更多的隐含能源出口供全球消费。综合来看，美国页岩油革命可能扩大中国的隐含能源流动规模，但是隐含能源流出的影响也许大于其对隐含能源流入的影响。另外，美国毫无疑问会受益于此次页岩油革命的成功，美国的人均隐含能源消费水平会进一步提高，进而引致更多的隐含能源流入国内，由此可以推测中国与美国的隐含能源贸易流动变化大于与其他国家的贸易流动规模。

假说3：全球能源结构调整可以改善中国的能源安全状况。

在碳中和目标的约束下，化石能源的碳排放得到有效控制，化石能源消费减少，从整体上保证了能源消耗的环境安全。其次，在长期技术成熟和资源充足的条件下，可再生能源规模会较快扩大，并超过化石能源在一次能源中的份额，成为主要能源，减轻对国外能源的依赖程度，提高中国的能源供给安全。另外，可再生能源的使用可能减少地缘冲突的发生，有效抑制全球能源价格波动，进而改善中国的能源消费安全。

为验证以上假说，本书从能源转型视角研究能源局势演变及其对能源安全的影响，分别验证化石能源局势竞争格局、美国页岩油革命和可再生能源局势对中国能源安全的影响。

3.5 本章小结

　　总体来看，全球能源局势演变对中国能源安全的影响路径十分复杂，本节从影响因素、关键变量分析了能源局势演变的原因，在此基础上提出了局势演变的主要特征，并进一步分析了其对中国能源安全的影响路径和结果。一方面，能源局势演变受到政治因素、技术因素、经济因素和环境因素等多种因素的影响，其中政治因素和技术因素对于能源局势的演变发挥了关键作用。化石能源供求重心变化和能源转型是局势演变的关键变量。其中，化石能源供求重心改变是政治因素、技术因素和经济因素共同作用的结果，而能源转型则受到政治因素、技术因素、经济因素和环境因素多种因素的交叉影响。另一方面，能源转型和化石能源供求重心转移推动下的局势演变具有三种特征。一是全球化石能源生产重心重新组合；二是在生产重心重组和能源权利转移背景下，化石能源生产国之间发生的激烈的国际能源贸易竞争；三是能源转型引导下的可再生能源大规模部署，包括可再生能源生产和消费，构成了以可再生能源为中心的全新的能源局势。在此基础上，全球能源贸易、隐含能源流动、能源结构调整成了能源局势演变的主要影响路径。使中国能源安全在化石能源贸易与进口、隐含能源依赖与多元以及能源供应、消费与环境方面受到了不同的影响和冲击。

第 4 章

化石能源竞争
对中国能源安全的影响

——以美伊冲突为例

如上文所述，当前化石能源面临需求受限和产能过剩的双重困境。一方面，化石能源要求在未来几十年内完全退出市场，以控制全球气温的不断上升；与此同时，美国页岩油革命使得原本富足的石油产能更加过剩。在此情况下，如何在有限的时间内使未开采的石油资源实现最大化的经济利益成为传统能源生产国最关切的问题之一。由此引发的化石能源局势竞争异常激烈且不断恶化，全球能源价格波动频繁，对中国能源安全产生了严重威胁。在此背景下，本章选取美国和伊朗之间的政治冲突作为研究案例，模拟分析不断上演的国际能源局势冲突对中国能源安全的量化影响，以期为中国能源转型过程中化石能源的合理退出安排提供参考。

随着全球能源转型的持续推进，能源局势正在发生着深刻的变化，化石能源局势竞争和由此爆发的国际冲突日益频繁，无时无刻不在威胁着中国的能源进口安全。近几十年来，不同国家之间的国际冲突，如波斯湾战争、乌克兰危机、伊朗—伊拉克战争和颜色革命（如格鲁吉亚的玫瑰革命、乌克兰的橙色革命和吉尔吉斯斯坦的郁金香革命），主要集中在通过影响能源价格和供应的经济制裁上，以及控制能源传输通道（Nyman，2015；Noguera-Santaella，2016；He 和 Guo，2019；Xia et al.，2019；Estrada et al.，2020；Malik et al.，2020）。例如，乌克兰危机始于俄罗斯吞并克里米亚（Blockmans，2015）。随后，欧盟对俄罗斯实施了经济制裁，这对俄罗斯的能源安全产生了重大影响。作为乌克兰能源进口的主要来源，俄罗斯随后中断了对乌克兰的天然气进口，这又威胁到乌克兰的能源安全（San-Akca et al.，2020）。类似的情景发生在伊朗境内。作为全球规模的石油和天然气生产国，美国与伊朗之间的政治冲突以及针对伊朗的能源制裁，对中国等主要能源进口国的能源安全构成威胁（Dorraj 和 English，2012；Jaffe 和 Elass，2015）。经济制裁已成为伊朗的国际常态，对全球能源市场造成了严重影响（Aloosh et al.，2019；Wen et al.，2020）。

自 20 世纪 70 年代以来，伊朗一直处于美国经济制裁的阴影之下

（Fayazmanesh，2003；Wright，2010），这严重损害了其经济增长（Hufbauer et al.，1997；Torbat，2005）。2010 年，美国批准了对伊朗的新一轮制裁，这使伊朗付出了沉重代价（Habibi，2020）。随即，为了试图阻止伊朗政府继续发展其核武器计划，美国联合欧盟和其他国家对伊朗经济实施了更严格的联合经济制裁（Farhidi 和 Madani，2015）。这些制裁措施针对伊朗的石油出口，这使伊朗政府失去了重要的收入来源。在 2016 年和 2017 年对伊朗实施新一轮制裁后，美国宣布退出联合全面行动计划，并于 2018 年禁止其石油出口（Terry，2019；Torbat，2020），旨在全面禁止伊朗发展核武器（Werner et al.，2019）。随后，为了弥补全球石油供应缺口，除伊朗外的其他波斯湾国家开始利用剩余产能，增加全球石油产量和出口（Cooper，2011；Chubin 和 Tripp，2014）。随着美伊局势的持续升级，伊朗对美国制裁的抵制也不会即刻停止。为了减少持续的经济损失，伊朗可能采取类似两伊战争期间的行动，干扰或者中断霍尔木兹海峡的石油运输（Ratner，2018；Shepard 和 Pratson，2020）。如果最初的经济制裁和伊朗潜在的反制裁措施持续上演，那么全球能源供应可能大幅减少，并进一步影响到全球能源价格波动（Cimino-Isaacs 和 Katzman，2019）。

尽管伊朗的能源供应规模一直不稳定，但伊朗却一直是中国的主要石油供应国，这使得中国的能源安全受到国际能源局势的强烈影响（Bambawale 和 Sovacool，2011；Odgaard 和 Delman，2014；Esen 和 Bayrak，2017；Shepard 和 Pratson，2020）。当前，作为全球最大的石油进口国，中国的石油进口量从 1996 年的 2262 万吨增加到 2018 年的 5.363 亿吨，石油进口在石油消费终端额占比高达 72.6%。波斯湾国家，特别是伊朗，已成为中国最重要的石油供应来源，在保障中国能源安全方面发挥了重要作用。从 1996 年到 2018 年，中国从伊朗进口的石油从 231 万吨增加到 3000 多万吨，增长了近 11 倍（图 4-1）。从伊朗进口的石油在中国石油进口总量中的份额也呈现出波动上升趋势，从 1996 年的 1% 上升到 2018 年的 5%。过去十年，伊朗一直卷入国际冲突，如美国的经济制裁，这对中国的能源

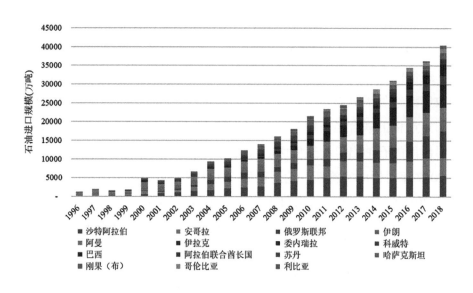

图 4-1　1996—2018 年期间中国石油进口的主要来源

数据来源：联合国商品贸易统计数据库。

安全和经济增长构成了重大威胁（Xue et al.，2019）。

众多研究考察了国际冲突的影响，其中大多数研究关注了为打击目标国经济或者收入的制裁活动（Dong 和 Li，2018；Han，2018；Dreger et al.，2016；Crozet 和 Hinz，2020；Vatansever，2020）。现有文献表明，经济制裁可能严重干扰相关行业的经济活动，并恶化目标国的经济状况。Nakhli 等人（Nakhli et al.，2021）应用 DSGE 模型来评估石油制裁对伊朗经济和石油生产的影响，结果表明制裁导致了石油出口减少、技术开发受阻、外国投资恶化等诸多后果，并在长期内破坏了目标国石油生产能力。Iranmanesh 等人（Iranmanesh et al.，2021）采用模糊逻辑方法，发现制裁随着时间的推移会产生更严重的经济影响和后果。Farzanegan 和 Hayo（Farzanegan 和 Hayo，2019）认为，2012—2013 年的国际制裁实际导致的影子经济增长率的负向增长远超出伊朗官方报道的 GDP 增长率。Gharibnavaz 和 Waschik（Gharibnavaz 和 Waschik，2018）使用了一个多区域可计算一般均衡（CGE）模型，表明制裁使伊朗的总体福利和政府收入分别降低了 14%～15% 和 40%～50%。Gharhgozli 证明，2011—2014 年间实施的制裁使伊朗的实际 GDP 减少了 17% 以上，最大的减少发生在 2012 年（Gharhgozli，2017）。

虽然国际冲突、能源安全和经济增长之间的关系已得到广泛讨论，但当前文献仍存在一定缺陷。首先，大多数研究侧重于国际冲突对制裁目标国家的影响，第三方，尤其是冲突中的其他利益相关者由于贸易网络关联受到的附带损害被忽视。其次，以往评估国际冲突影响的研究只关注单方国家的行动措施的影响，很少探讨冲突参与者的互动行为，导致冲突的影响被错估。最后，鲜有研究探讨国际冲突对非冲突参与国能源安全和经济增长的影响机制。

考虑到上述缺陷，本研究拟采用全球能源扩展可计算一般均衡（CGE）模型、GTAP-E 模型（Global Trade Analysis Project-Energy），以评估美国—伊朗冲突（美伊冲突）对中国能源安全和经济增长的影响。本章内容从以下三方面补充了现有研究：第一，基于能源贸易视角全面考察了国际冲突对非冲突参与国的能源安全和经济增长的影响机制。第二，从能源局势中核心国家战略利益角度假设可能出现的多元博弈情景，更加全面刻画了多主体的互动博弈对非参与国的叠加影响。为了模拟伊朗和其他波斯湾国家在实施制裁后可能做出的反应，本书制定了三种说明性情景，包括美国全面实施能源制裁、除伊朗以外波斯湾国家的石油出口增加，以及伊朗的反制裁措施。第三，除了关注制裁对中国能源和经济的影响外，还研究了非能源部门受到的影响，从经济关联角度考察了非参与国受到的综合影响。另外，本书通过分析不同情景中中国能源进口来源结构变化，完善了能源局势与能源贸易网络关系的动态分析。

4.1 美伊冲突对中国能源安全的影响机制分析

　　本书以 2018 年以来的美国—伊朗的紧张局势为例，探讨了国际冲突对能源安全和经济增长的影响机制。能源制裁是国际冲突中最常见的策略之一，通过打击目标国的能源供应活动，显著影响了全球能源供应链的正常运转（Colgan，2014；Månsson，2014）。美国对伊朗的经济制裁范围包括对能源贸易、生产设备采购和技术转让等各种跨境经济活动的限制和阻碍，导致伊朗能源生产减少和全球能源市场供应波动（Shapovalova et al.，2020）。与此同时，冻结金融资产扰乱了伊朗与其贸易伙伴之间的能源投资和其他合作行动，这进一步降低了伊朗的石油产能（Boogaerts 和 Drieskens，2020）。更严重的是，通过中断能源运输走廊，降低运输效率，包括伊朗在内的所有波斯湾国家的能源供应被干扰，并进一步遭遇保险公司拒绝为相关油轮投保的窘况（Fischhendle et al.，2017）。这表明，通过经济制裁扰乱能源出口和运输走廊的活动，对全球能源供应链产生严重风险，并降低了能源进口商的能源可获得性。

　　美伊冲突从三方面影响了中国的能源安全状况：能源价格、能源供应和能源贸易网络稳定性（Sovacool 和 Brown，2010；Umbach，2010；Ji et al.，2014）。在能源价格方面，美伊紧张局势会潜在限制伊朗的石油供应能力，同时导致全球油价上涨。其次，如果伊朗将封锁霍尔木兹海峡作为对美国的反击而使冲突进一步升级，那么所有波斯湾国家的石油生产和出口都可能受到极大限制，全球石油市场供应将面临严重短缺。由于中国高度依赖外国石油供应，油价上涨对中国能源安全的影响将非常明显。此外，中国其他能源的成本将随着石油价格的上涨而升高，进一步恶化能源安全状况（Winkler et al.，2011；Sovacool et al.，2015）。在中国内部的能源供应方面，最直接的影响就是中国石油进口的减少。

能源制裁将扰乱全球石油供应链，而由于中国和伊朗之间短期能源合作协议的黏滞性，这将在短期内对中国石油进口造成重大冲击（Barros et al.，2011；Le 和 Nguyen，2019）。从长远来看，制裁还可能减少中国对伊朗能源的本土投资，这也可能间接影响中国的能源进口（Ahmadi，2018）。除了改变能源供应和价格，经济制裁还可能影响中国的能源贸易网络稳定性，增加中国的能源交易成本。如果伊朗或其他波斯湾国家的能源不能稳定供应，那么中国需要大量时间来寻找新的石油进口来源，将其贸易伙伴关系转移到其他有剩余石油生产能力的国家，如沙特阿拉伯、科威特、伊拉克、俄罗斯或委内瑞拉（Popova 和 Rasoulinezhad，2016；Nasre Esfahani 和 Rasoulinezhad，2017）。

国际冲突导致的能源危机会减少中国的消费、投资和总出口，从而损害中国的经济增长（Esen 和 Bayrak，2017；Du et al.，2010）。首先，能源供应短缺和价格波动可能严重扰乱中国企业的活动，进而导致就业和劳动收入减少（Elder，2020；Koirala 和 Ma，2020），从而降低公共可支配收入水平，导致消费减少（Yuan et al.，2020）。其次，能源价格的急剧上涨将增加企业生产成本，降低投资回报率，进而降低总投资（Rajavuori 和 Huhta，2020）。能源价格波动和能源供应不稳定也可能削弱投资者的信心，导致投资进一步减少（Sun et al.，2014；Arshad et al.，2016；Zhao et al.，2020）。最后，石油供应短缺间接降低了能源供应链

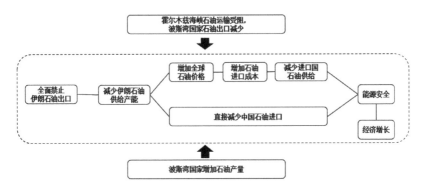

图 4-2　美伊冲突对中国能源安全的影响机制分析

下游部门的产量，如建筑和重工业（Yuan et al.，2020；Maghyereh et al.，2019）。而不断上涨的能源价格进一步恶化贸易条件，降低中国产品的市场竞争力，并减少总出口（Lutz et al.，2012；Rose et al.，2018）。因此，国际冲突对中国能源安全的负面影响，最终会损害经济增长。本书理论机制如图 4-2 所示。

4.2 模型设置和情景设计

4.2.1 GTAP-E 模型

本研究采用美国普渡大学开发的多地区、多部门CGE模型（GTAP-E）（Herte，1997），评估美伊冲突对中国能源安全和经济增长的影响。经过长期的系统改进，GTAP-E模型被广泛用于分析能源生产、国际贸易和气候变化的影响（Chen et al.，2019；Nong et al.，2020）。越来越多的文献采用全球CGE模型（包括GTAP模型）来研究国际冲突的影响（Gharibnavaz 和 Waschik，2018；Benzell 和 Lagarda，2017；Farzanegan et al.，2013）。美国和伊朗是国际能源贸易的重要参与者，美国和伊朗之间的政治冲突给全球能源市场造成了剧烈的影响。评估美伊紧张局势可以利用全球经济平衡模型来量化分析其他国家受到的能源和经济影响。在实际操作中，GTAP-E模型不仅可以捕捉到国际冲突对目标国家能源贸易的直接影响，还可以考虑到价格波动对其他能源贸易伙伴的间接影响。

Truong（1999）介绍了GTAP-E模型的理论框架，假设市场是完全竞争的，且资产收益率恒定。该模型假设生产者成本最小化，同时消费者效用最大化，所有国家或地区通过商品或者服务的双边贸易相互联系。GTAP-E模型包含许多数学方程，这些方程精确描述了与生产、消费、投资和贸易有关的经济活动。

在GTAP-E模型中，采用嵌套常数替代函数弹性（CES）描述各生产部门不同投入之间的替代，生产者根据成本最小化原则确定最优投入。对于生产结构的顶层，每个公司的产出都是中间产品和增值能源投入的组合，并用 Leontief 函数描述。第二层是一个CES函数形式的增值能源投入，包括能源资本和其他初始投入。在最底层，根据阿明顿假设，中间产品的来源包括国内产品和进口产品，表明国内产品和进口产品存在不完全替代（Armington，1969）。在消费方面，该模型假设私人消费与政府消费（家庭对公共产品的消费）和私人储蓄分离。政府对所有商品的消费支出都是柯布－道格拉斯（Cobb–Douglas）函数形式的。家庭私人消费，即私人物品的消费，被假定为根据"固定差异弹性"（Constant Difference of Elasticity，CDE）函数形式进行结构调整。

GTAP-E 模型中生产部门资本—能源复合的详细嵌套结构如图 4-3 所示。在嵌套结构的顶层，资本—能源商品由生产部门的资本投入和复合能源消费组成，用 CES 函数描述，且替代弹性（σ_{KE}）为 0.5。在下一层，能源复合商品分为电能和非电能，其替代弹性值（σ_{ENER}）为 1.0。其中，非电能由煤和非煤能源组成，两者的替代弹性（σ_{NELY}）为 0.5。然后，将非煤能源商品划分为天然气、石油和石油制品，并采用 1.0 的替代弹性（σ_{NCOL}）。在最底层，电力、煤炭、天然气、石油和石油制品的需求遵循阿明顿假设，这意味着复合能源投入可以实现国内产品和进口产品之间的不完全替代。也就是说，它们根据生产地点的不同而不同。

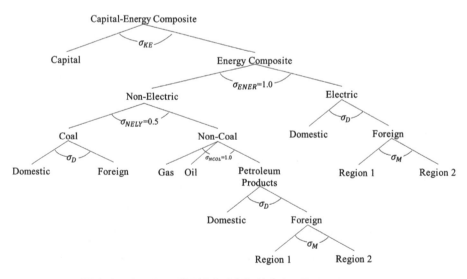

图 4-3 GTAP-E 模型中生产部门的资本—能源组合的嵌套结构

4.2.2 数据来源和闭合

为了建立 GTAP-E 模型数据库, 本书使用最新的数据库版本（V10）, 基于全球 141 个国家和地区的投入产出表, 以 2014 年为基准年。原始的 GTAP 数据库包含 65 个生产部门和 5 个主要要素（土地、资本、熟练劳动力、非熟练劳动力和自然资源）。为了便于模拟和分析, 我们将 141 个原始国家和地区合并为 19 个地区, 涵盖了全球主要的石油出口国和进口国, 如伊朗、其他波斯湾国家、中国、印度、韩国和日本（附表 1）。65 个生产部门合计为 14 个, 涵盖能源的主要上游和下游部门（附表 2）。这 5 个初始投入被汇总为土地、劳动力和资本。不同能源类型间的替代弹性数据来自 GTAP-E 模型数据库, 而阿明顿弹性值来自 GTAP V10 数据库。

本研究采用一个标准、长期的宏观经济闭合来研究美伊冲突的影响。这个闭合包括以下关键假设: ①在劳动力市场, 总就业人数保持不变, 实际工资是内生的; ②在资本市场上, 资本以保持固定收益率的方式自由流动; ③总投资等于总资本存量; ④家庭和政府支出与贸易平衡限制协同。

4.2.3 政策的场景

为了检验美伊冲突对中国能源安全和经济增长的影响, 本书建立了三种情景（表 4-1）。情景 1 假设美国对伊朗石油出口实施完全禁运, 即伊朗石油出口减少到零。随着美伊关系的持续恶化, 美伊冲突将从二元互动逐渐升级为包括波斯湾其他国家参与在内的多边博弈。在情景 2 中, 其他波斯湾产油国充分利用其闲置产能增加石油产量, 弥补全球石油供应缺口。据国际能源署估计, 2018 年, 欧佩克成员国的备用石油产能为 330 万桶 / 天, 其中超过 70% 属于沙特阿拉伯, 其余属于科威特、阿联酋和伊拉克。利用波斯湾石油剩余产能可以使其他波斯湾国家的石油产量从 2017 年的 2535 万桶 / 天的水平提高 12.62%。在第三种情况中，伊朗关闭了通过霍尔木兹海峡的油轮运输通道，作为对波斯湾国家的反制裁行动。霍尔木兹海峡是波斯湾国家最重要的石油出口通道。在这种情况下，本书假设伊朗通过武力干扰霍尔木兹海峡的能源运输，并假定其他波斯湾国家的石油出口将减少 30%。需要说明的是，三种情景的设计均假定伊朗的石油被完全禁止出口，情景 2 和情景 3 分别考虑了波斯湾地区和伊朗对制裁做出的反应，从而更好地评估国际冲突的多方博弈会产生的综合效果。因而模拟结果中情景 2 和情景 3 下的绝对数值没有意义，需要与情景 1 进行对比分析。

表 4-1　美伊冲突下多元博弈情景总结

政策冲击	情景 1	情景 2	情景 3
全面禁运伊朗石油出口	√	√	√
其他波斯湾石油生产商补偿性增加 12.6% 的石油产量		√	
霍尔木兹海峡关闭，其他波斯湾国家石油出口减少 30%			√

4.3 模拟结果

4.3.1 美伊冲突对中国能源安全的影响

4.3.1.1 美伊冲突对中国能源行业产出、价格和贸易的影响

表 4-2 展示了三种假定情景下中国能源行业，包括煤炭（coal）、石油（oil）、天然气（gas）、石油制品（petroleum）、电力（electricity）和燃气供应（gas supply）6 个部门的产出、价格、进口和出口的情况。总体来看，如果霍尔木兹石油运输走廊正常运行，并且其他波斯湾国家充分利用剩余产能，增加石油生产和出口，美伊冲突对中国各能源部门的产量、价格和贸易影响有限。

表 4-2　三种情景下中国能源行业产量、价格和贸易的变化（%）

	煤炭	石油	天然气	石油制品	电力	供气
情景 1						
产出	− 0.272	2.520	0.187	− 1.138	0.034	− 0.294
价格	0.073	0.710	0.313	0.977	0.062	0.300
进口	− 0.382	− 1.224	− 0.076	4.907	0.639	6.120
出口	− 0.015	− 0.749	0.360	− 2.910	− 0.303	− 6.969
情景 2						
产出	− 0.029	− 1.793	2.940	− 0.122	− 0.073	− 0.063
价格	− 0.073	− 0.506	0.010	− 0.670	− 0.057	− 0.199
进口	0.145	2.747	− 0.285	6.143	1.102	5.135
出口	− 0.096	− 6.515	17.080	− 2.554	− 0.899	− 4.875

续表

	煤炭	石油	天然气	石油制品	电力	供气
情景 3						
产出	− 1.244	16.609	− 9.588	− 5.187	0.343	− 1.027
价格	0.480	4.795	1.158	6.494	0.372	1.819
进口	− 2.305	− 5.067	1.701	4.944	− 0.713	9.489
出口	− 1.475	15.023	− 40.868	− 11.182	1.247	− 13.401

数据来源：GTAP-E 模型模拟。

在情景 1 中，美国对伊朗的石油制裁将导致石油、天然气和电力产量增加，而煤炭、石油制品和天然气供应产量下降。在能源上游部门中，伊朗作为中国重要的能源进口来源之一，对伊朗石油的全面禁运将使中国石油进口减少高达 1.224%，远高于对煤炭和天然气的影响。同时，全球石油生产的减少导致国内油价上涨 0.710%，成为中国石油生产上升的原因（2.520%），并导致中国石油出口减少 0.749%。而在 GTAP-E 的嵌套结构中，石油和天然气被假定为替代品，这种替代关系产生两方面的影响。一方面，全球石油的减少导致天然气的需求增加，进而导致中国天然气出口小幅增长（0.360%）。另外，根据一般均衡理论，石油价格的上升将使天然气价格上涨 0.313%，进而导致天然气产量上升 0.187%。不同于石油和天然气，由于中国独有的能源结构和经济结构，煤炭与GDP 的关系更为紧密。整体能源价格的上升导致 GDP 下滑，国内煤炭需求疲软，虽然煤炭价格小幅上涨 0.073%，但煤炭产量却下降 0.272%，与石油、天然气变化相反，凸显煤炭在中国经济中的特殊性和重要性。而在下游部门，国内石油和天然气价格的上涨将不可避免地导致主要下游行业能源使用成本的上升，导致石油制品部门和供气部门产出分别下降1.138% 和 0.294%。值得关注的是，国民经济对石油制品的需求旺盛，全球石油减少伴随着石油制品产出规模的缩减，而需求抵消了石油制品价格上升对石油制品进口和出口的负面影响，导致中国石油制品的进口仍然增加（4.907%），同时出口减少 2.910%。对能源的高度需求也表现在电力部门，电力部门的进口增加 0.639%，同时出口减少 0.303%。另外，化石燃料价格的上升增加了电力部门的投入要素成本，电力部门的价格出现小幅上涨（0.062%），同时发电量增加 0.034%。

在情景 2 中，其他波斯湾国家（世界上最重要的石油出口国）的石油出口，在很大程度上缓解了能源制裁对中国大多数能源部门产量和价格的冲击。伊朗被制裁导致的全球能源市场缺口很快被波斯湾其他国家补充，并超出伊朗被制裁前全球石油供给总量。中国石油价格从情景 1 中的上升 0.710% 变为情景 2 中的下降 0.506%，进口也出现增加（2.747%）。另外，在 GTAP-E 模型中，进口商品和国内商品具有不完全替代性。相较于波斯湾地区的石油，我国的石油在全球市场中并不占有竞争优势。波斯湾的石油增产给我国石油出口造成了巨大压力，中国的石油出口由情景 1 中的下降 0.749% 变为情景 2 中的下降 6.515%。波斯湾石油生产的增加，为石油制品部门提供了较低的成本，石油制品的进口由 4.907%进一步增加到 6.143%，产出也由 –1.138% 变为 –0.122%，相应地，石油制品的出口也较情景 1 出现小幅上升（–2.554%）。由于石油在全球市场的充足供给，国内天然气的需求降低，选择了更廉价的石油，因而天然气进口减少（–0.285%）。与此同时，天然气下游供气部门进口也由情景 1 中的 6.120% 降低到情景 2 中的 5.135%。但是波斯湾国家的石油出口增长，促进了全球经济恢复，增加了全球能源需求，贸易条件也趋于改善。在这种情况下，天然气的产出和出口较情景 1 都出现明显增加。供气部门的产出和出口与上游天然气部门变化一致，均出现回升迹象。另外，与石油价格一致，煤炭部门和电力部门的价格均下跌。另外，国内经济的回暖趋势进一步拉动了煤炭的消费，煤炭的产出和进口较情景 1 都有所上升。煤炭产出由 –0.272% 变为 –0.029%，煤炭进口由 –0.382% 变为0.145%，而出口下降，凸显了国内煤炭消费在煤炭供给中的主导位置。

在情景 3 中，当波斯湾国家的石油出口减少时，预计全球油价将大幅上涨，各能源部门（电力除外）的产量、价格和贸易将出现大幅波动，同时全球经济也会表现出衰退趋势，全球能源需求出现急剧下降，对各能源部门造成强烈冲击。在这种情况下，波斯湾国家石油出口减少，不仅直接导致中国石油进口减少，也会导致全球油价上涨，进一步间接降低中国石油进口。受此次石油进口大幅下降（–5.067%）的影响，中国国内油价（4.795%）和产量（16.609%）将显著上升。此外，受全球油价快速上涨的刺激，中国的石油出口将大幅增加（15.023%）。类似的，作为石油替代资源的天然气，其价格也出现上涨（1.158%）。而由于严重短缺的石油供给，天然气进口大幅度增加（1.701%）。相比之下，全球经济的衰退导致天然气产量和出口大幅减少。天然气产量从情景1中的0.187%变为–9.588%，而天然气出口从0.360%变为–40.868%。充分凸显全球经济局势对国内天然气产出和出口的重要性。受生产成本增加和进口减少的影响，煤炭、石油制品和供气部门的产量将分别下降1.244%、5.187%和1.027%。然而，电力部门的产量增加了0.343%，因为其价格增加了0.372%。

4.3.1.2 美伊冲突对中国能源供应的影响

中国能源安全的威胁最终取决于中国国内各能源的供给情况。通过考察美伊冲突对中国能源供给的影响，可以更好地量化分析能源局势变动对中国能源安全的影响。美伊冲突通过影响中国的能源部门的产出和贸易，导致能源供应发生变化，威胁中国的能源安全。对于每种能源，能源供应等于国内产量和净进口（进口减去出口）之和，计算公式如下：

$$X_{supply}=X_{production}+X_{import}-X_{export} \qquad (4-1)$$

其中，X_{supply}、$X_{production}$、X_{import} 和 X_{export} 分别代表各能源部门的供应、生产、进口和出口规模。将式（1）线性化处理，可得到各部门能源供应变化百分比，如式（4-2）所示：

$$X_{supply}=S_{production} \times X_{production}+S_{import} \times X_{import}-S_{export} \times X_{export} \qquad (4-2)$$

其中，*X*supply、*X*production、*X*import 和 *X*export 分别表示各部门供应、产出、进口和出口的百分比变化，*S*production、*S*import 和 *S*export 是产品供给中的产出、进口和出口所占份额。这表明产品供应量的变化不仅与产品的产量、进口量和出口量的百分比变化直接相关，而且受产品供给中的生产、进口和出口所占份额的影响。

表 4-3 展示了不同情景下中国能源行业供给变化百分比。美国制裁伊朗会对中国大多数能源部门的供应产生负面影响，但每个部门供应减少的原因存在显著差异。总体而言，中国的石油和天然气部门的供应主要依赖于进口，而煤炭、石油制品、天然气和电力等能源部门的供给则主要受国内产出主导。

表 4-3 不同情景下中国各能源部门的供应变化（%）

部门	情景 1	情景 2	情景 3
煤炭	− 0.287	− 0.006	− 1.379
石油	− 1.033	− 0.154	− 4.391
天然气	− 0.038	− 0.392	1.208
石油制品	− 0.733	0.332	− 4.344
电力	0.036	− 0.069	0.339
供气	− 0.103	0.082	− 0.692

数据来源：GTAP-E 模型模拟。

在情景 1 中，对伊朗石油出口的全面禁运将减少大多数能源部门（电力除外）的产品供应，对中国的能源安全造成了严重威胁。受中国从伊朗进口石油减少的直接影响，石油供应减少幅度最大（1.033%）。由于中国 82.49% 的天然气来自进口，在天然气进口减少 0.076% 的情况下，天然气总供应量将下降 0.038%。另外，由于国内煤炭、石油制品和供气部门的产量下降，这些部门的供应均出现不同程度的下降，其中石油制品部门下降幅度最大（–0.733%）。电力供应将小幅增加 0.036%，主要是因为国内产量增加。

在情景 2 中，制裁对中国大部分能源部门供应的负面影响可以在很大程度上得到抵消。石油、煤炭、石油制品和供气部门的净供应量均表现出上升趋势。其中，石油产出由情景 1 中的 –1.033% 变为情景 2 中的 –0.154%。煤炭、石油制品和供气部门则分别变为 –0.006%、0.332% 和 0.082%。然而，天然气部门的供应进一步变为 –0.392%，这表明对波斯湾其他国家的闲置石油产能的利用挤占了国内天然气的消费市场，天然气需求下降引致天然气供应下降。当发电量减少时，电力供应将减少 0.069%。

在其他波斯湾国家石油出口减少（情景 3）的情况下，中国大部分能源产品的供应将出现大幅波动，其中石油供应（–4.391%）受到的影响最大。然而，天然气部门的供应将增加 1.208%，主要是因为进口增加。与 S_1 和 S_2 相比，石油制品（下降 4.344%）、煤炭（下降 1.379%）和供气部门（下降 0.692%）的供应将因产量下降而显著减少，表明中国能源安全形势严重恶化。

4.3.2 美伊冲突对中国能源进口贸易网络的影响

4.3.2.1 石油进口贸易网络变化

制裁前后中国从其他地区进口石油贸易网络的分布情况如图 4-4 所示。其中，面板 A 代表美国制裁伊朗之前中国石油进口来源国分布。面板 B、面板 C、面板 D 代表情景 1、2、3 中的中国石油进口来源国分布。从面板 A 数据可以看出，目前中国石油进口主要来自其他波斯湾国家（46.9%）。其他石油进口包括撒哈拉以南非洲（19.9%）、俄罗斯（9.1%）、伊朗（8.3%），以及其他中东和北非（MENA）地区（7.8%）。这表明，中国石油进口的一半以上来自波斯湾国家，凸显了分析美伊紧张局势对中国石油进口来源影响的必要性。

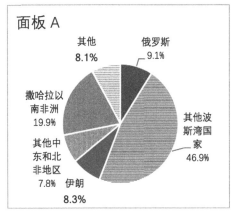

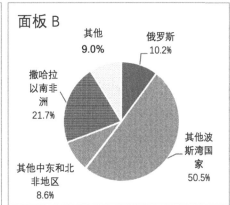

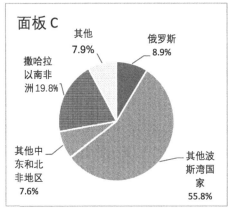

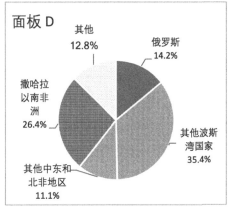

图 4-4　美伊冲突前后中国石油进口贸易网络变化

数据来源：GTAP 数据库和 GTAP-E 模型模拟。

　　结果表明，制裁将导致中国石油进口来源逐渐从伊朗等波斯湾国家转向撒哈拉以南非洲、俄罗斯及其他中东和北非地区。如果伊朗的石油出口完全受到限制（Panel B），那么中国的石油缺口将主要由其他四个石油出口地区来弥补。具体而言，中国从其他波斯湾国家进口石油占总进口石油的比例将上升至 50.5%，从撒哈拉以南非洲（21.7%）、俄罗斯（10.2%）和其他中东和北非地区（8.6%）进口石油的比例也将有所上升，但幅度较小。在情景 2 中，由于石油产量的增加，中国从其他波斯湾国家进口石油的比例将进一步上升至 55.8%（Panel C），而从撒哈拉以南非洲、俄罗斯和其他中东和北非地区进口石油的比例将分别下降至 19.8%、8.9% 和 7.6%。可以预计，在情景 3 中，中国的进口来源结构将发生巨大变化（Panel D）。其他波斯湾国家的采购比例大幅下降，约为 35.4%。这导致来自撒哈拉以南非洲（26.4%）、俄罗斯（14.2%）和其他中东和北非地区（11.1%）的比例显著增加，委内瑞拉和拉美来源预计将占中国石油进口的 8.8%。但总体来看，其他波斯湾国家始终是中国最重要的进口来源，中国对其他波斯湾国家的依赖程度仍然很高，其他波斯湾国家是中国能源进口安全的潜在风险之一。

4.3.2.2 天然气进口贸易网络变化

图 4-5 中的面板 A 代表了中国天然气进口来源的现状（基础数据）。数据表明，中国天然气进口主要来自中亚（74.5%）、东盟（12.8%）和其他波斯湾国家（9.7%）。模拟结果显示，制裁对中国天然气进口来源结构并没有产生激烈的冲击。在制裁实施后，这三者仍然是中国最主要的天然气进口来源，为中国提供了基本所有的天然气进口。

在不同情景中，中亚、东盟和其他波斯湾国家在中国的天然气进口占比略有变动。情景 1 中，来自中亚和其他波斯湾国家的占比略有下降，分别为 74.4% 和 9.5%，而来自东盟国家的比例略有上升（面板 B）。与情景 1 相比，中国在情景 2（面板 C）中从东盟和其他波斯湾国家进口的天然气比例将分别下降 1.2 个百分点和 3.2 个百分点，因为市场此时更倾向于消费石油，对于天然气的需求有所下降。然而，中亚的天然气仍然具有比较优势，为中国提供了更多的天然气进口，高达 78.9%。然而，在情景 3 中（面板 D），当其他波斯湾国家石油出口下降时，模型显示其他波斯湾国家的天然气出口将大幅增加，在中国天然气来源中的占比也出现大幅增长，占中国天然气进口的 24.1%。同时，来自东盟国家的比例也可能大幅增加，高于其他情况下的比例（15.6%）。虽然此时中亚仍将是中国最大的天然气进口来源地，但中亚的天然气供应比例预计将下降至 57.4%。

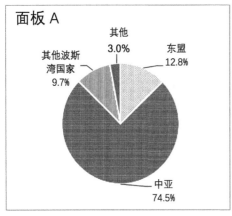

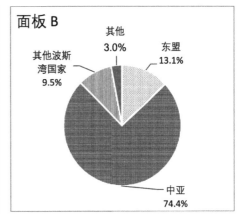

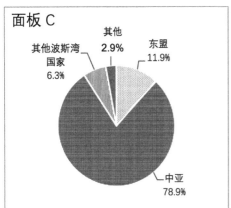

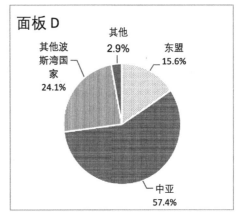

图 4-5   美伊冲突前后中国天然气进口贸易网络变化

数据来源：GTAP 数据库和 GTAP-E 模型模拟。

4.3.2.3 石油制品进口来源变化

与石油和天然气相比，中国石油制品进口来源相对多样化。在基准情景中，韩国（20.8%）、其他波斯湾国家（14.4%）、东盟国家（11.2%）、委内瑞拉（9.5%）和伊朗（9.0%）是中国石油制品进口的前五大来源（面板 A，图 4-6）。

情景 1 中，美国针对伊朗的石油制裁将使伊朗的能源出口活动转向石油制品，导致中国从伊朗进口比例上升到 19.4%（面板 B）。而来自韩国（18.2%）、其他波斯湾国家（12.8%）、东盟（10.0%）和委内瑞拉（8.4%）的石油占比将有所下降。如果其他波斯湾国家的闲置石油产能得到充分利用（图 4-6 的面板 C），预计伊朗的石油制品占比比情景 1 减少 0.8 个百分点，而韩国的石油制品占比将增加 0.6 个百分点（图 4-6 的面板 C）。就来自其他波斯湾国家、东盟和委内瑞拉的比例而言，情况相对稳定。如果其他波斯湾国家的石油出口减少（图 4-6 的面板 D），中国石油制品进口中，来自韩国的比例下降到 13.4%，低于来自伊朗（21.3%）和其他波斯湾国家（21.1%）的比例。此外，东盟国家和委内瑞拉对中国的石油制品出口规模有所缩减，分别占中国石油制品进口的 8.5% 和 7.6%。

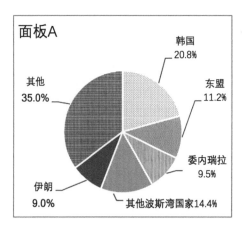
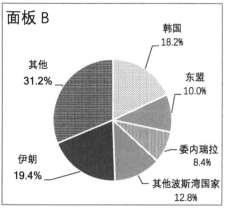
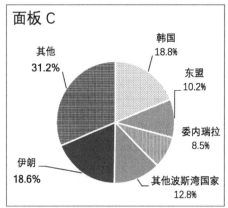
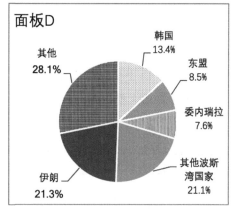

图 4-6　美伊冲突前后中国石油制品进口贸易网络变化

4.3.3 美伊冲突对中国非能源部门的影响

模拟结果表明，美国对伊朗的制裁，对中国大多数非能源部门的产出和贸易都有负面影响（表4-4）。对非能源部门的考察可以从经济视角考察能源市场变动对经济安全的影响，也可以间接反映能源安全状况。

在情景1中，能源部门生产链的下游和上游部门是受冲突影响最严重的部门。首先，由于石油原料的供给短缺，下游部门中化工产品的产出损失最大（减少0.093%）。化工产品供需出现缺口，引致化工产品进口将出现大幅增加（0.339%），而全球化工产品的短缺导致中国化工产品出口增加0.076%。在其他主要的下游行业，建筑业产量减少0.064%，其次是服务业（0.038%）和重工业（0.035%）。能源价格上涨将提高这

表4-4 不同情景下中国非能源部门的产出和贸易变化（%）

	情景1			情景2			情景3		
	产出	进口	出口	产出	进口	出口	产出	进口	出口
农业	− 0.015	− 0.092	− 0.022	− 0.001	0.177	− 0.229	− 0.055	− 0.983	0.904
矿产品	− 0.070	0.025	0.118	− 0.002	0.254	− 0.079	− 0.297	− 0.716	0.846
加工食品	− 0.017	− 0.114	0.083	0.016	0.116	− 0.093	− 0.117	− 0.934	0.783
轻工业	0.037	− 0.109	0.151	0.017	0.125	− 0.013	0.171	− 0.843	0.889
化工产品	− 0.093	0.339	0.076	− 0.151	0.769	− 0.259	− 0.028	− 0.773	0.752
重工业	− 0.035	− 0.021	0.008	0.099	0.005	0.082	− 0.466	− 0.031	− 0.111
建筑业	− 0.064	0.021	− 0.047	0.110	0.163	− 0.164	− 0.661	− 0.492	0.518
服务业	− 0.038	0.063	− 0.170	0.037	0.200	− 0.080	− 0.273	− 0.378	− 0.109

数据来源：GTAP-E 模型模拟。

些下游行业的生产成本，这导致这些部门的产量下降。在主要的上游部门，由于能源部门对原材料的需求减少，矿产品的产出下降0.070%。唯一受益的部门是以出口为导向的轻工业部门，预计其出口将增长0.151%。同时，由于本书假设的充分就业，大多数石油相关产业的产出将下降，导致劳动力向劳动密集型产业转移，从而扩大了轻工业（0.037%）等行业的产出规模。另外，农业和加工食品是受影响最小的部门，仅略有下降，分别下降0.015%和0.017%。

当利用其他波斯湾国家的闲置石油产能（情景2）时，伴随着能源价格的下降，制裁对于建筑业（0.110%）、重工业（0.099%）、服务业（0.037%）、加工食品（0.016%）、农业（−0.001%）和矿产品（−0.002%）等部门产出的负面影响基本被抵消，甚至变为正面影响。化工产品的进口预计将大幅增加（0.769%），因此产量将进一步减少0.151%。与此同时，轻工业出口下降导致净产出略有下降。

在情景3中，所有非能源部门的产出变化与情景2中的情况相反；上游和下游能源部门的产出损失将增加，而对轻工业和化工产品的影响减少。由于缺少原料和成本增加，建筑业（−0.661%）、重工业（−0.466%）和矿产品（−0.297%）的产量将受到极大的负面影响。然而，对原油需求较少的轻工业将增长0.171%。另外，能源的上下游部门的进口均出现下降趋势，其中重工业减少0.031%，化工产品减少0.773%，矿产品减少0.716%。

4.3.4 美伊冲突对全球经济的影响

美伊冲突的升级不仅会威胁到中国的能源安全，还会对全球经济增长产生重大影响，如表4-5所示。

在情景1中，美国对伊朗石油出口的全面禁运将导致伊朗实际GDP急剧下降（下降0.647%）。同时，受制裁影响最大的国家主要位于亚洲地区，这些国家是伊朗石油出口的主要贸易对象，包括中国、日本、韩

表 4-5　不同情景下各个国家的实际 GDP 变化（%）

国家 / 地区	情景 1	情景 2	情景 3
中国	− 0.047	− 0.024	− 0.342
其他东亚	− 0.007	0.010	− 0.861
日本	− 0.076	− 0.013	− 0.884
韩国	− 0.122	− 0.056	− 1.619
东盟	0.000	0.005	− 0.465
印度	− 0.174	− 0.103	− 1.250
其他南亚	− 0.005	0.004	− 0.282
加拿大	0.003	− 0.005	0.013
美国	− 0.003	0.005	− 0.111
拉丁美洲	0.005	− 0.005	0.026
委内瑞拉	0.016	− 0.021	0.134
欧盟	− 0.011	0.021	− 0.164
俄罗斯	− 0.010	0.230	− 0.791
中亚	0.023	− 0.036	0.212
其他波斯湾国家	0.020	2.920	− 0.173
伊朗	− 0.647	− 0.656	− 0.635
其他中东和北非地区	− 0.002	0.019	− 0.121
撒哈拉以南非洲	0.010	− 0.004	− 0.048
其他	− 0.006	0.015	− 0.103

国和印度等国，这些国家的实际 GDP 分别下降 0.047%、0.076%、0.122%
和 0.174%，而其他东亚和南亚国家的实际 GDP 损失相对较小。另外，作
为世界上主要的石油出口国，中亚（上升 0.023%）、其他波斯湾国家（上
升 0.020%）、委内瑞拉（上升 0.016%）和拉丁美洲（上升 0.005%）受

益于油价上涨，其 GDP 出现上升。但是，作为全球石油出口的主导力量，俄罗斯的 GDP 并没有上升，反而出现略微下降（−0.010%），这有可能是伊朗石油出口对其他国家经济的负面影响导致全球能源需求下降导致的。

在情景 2 中，如果其他波斯湾国家的闲置石油产能可以充分利用，可以部分抵消石油进口国估算的实际 GDP 损失，中国（下降 0.024%）、日本（下降 0.013%）、韩国（下降 0.056%）和印度（下降 0.103%）的降幅相对情景 1 较小。在这种情况下，其他东亚国家和其他南亚国家的实际 GDP 也将会增加。同样，在情景 2 中，由于石油生产收入的增加，其他波斯湾国家的实际 GDP 将显著上升 2.92%。但是，由于国际油价和出口的下降，中亚国家、委内瑞拉、拉丁美洲地区的 GDP 将出现下降，分别为 −0.036%、−0.021% 和 −0.005%。而发达经济体，如欧盟和美国的 GDP 变化很小，分别为 0.021% 和 0.005%。

当霍尔木兹海峡石油运输走廊受到干扰时（情景 3），大多数国家，特别是亚洲国家，将遭受十分严重的经济损失。其中，中国、日本、韩国和印度的 GDP 将分别下降 0.342%、0.884%、1.619% 和 1.250%。此外，由于波斯湾石油出口的减少极有可能导致全球油价进一步上涨，欧盟（−0.164%）、其他东亚国家（−0.861%）、其他南亚国家（−0.282%）和美国（−0.111%）的 GDP 也有所下降。主要石油出口国的 GDP，如加拿大（0.013%）、拉丁美洲（0.026%）、委内瑞拉（0.134%）和中亚（0.212%），出现小幅增长。受全球经济萎缩、能源需求下降的推动，俄罗斯的 GDP 也出现下降（−0.791%）。

4.4 本章小结

国际冲突导致全球能源价格波动，扰乱全球能源供应，威胁能源进口国的能源安全和经济增长。当前对国际冲突的量化研究主要是以能源制裁为研究视角，分析其对全球能源供应和价格的影响，并以国际冲突当事方为研究对象，对第三方国家的附加损害鲜有关注，对中国等能源进口国的能源安全和经济的影响机制和影响仍不清楚。在此背景下，本书考虑了美国和伊朗之间冲突的潜在发展，并制定了三种说明性情景，包括对伊朗石油出口实施全面禁运，其他波斯湾石油生产国增加石油产量，由于霍尔木兹海峡石油运输走廊的中断，波斯湾国家的石油出口减少。采用全球一般均衡模型、GTAP-E 模型，模拟美伊紧张局势对中国能源生产、贸易、供应、部门产出和经济增长的可能影响。本研究的主要结论可以总结如下。

第一，当美伊冲突局限于对伊朗石油出口的简单禁运时（情景1），美伊冲突对中国能源产出、贸易和供应的负面影响相对有限，如果其他波斯湾产油国的闲置石油产能被利用（情景2），则可以在很大程度上缓解上述情况。然而，一旦波斯湾的石油出口因为运输走廊问题被大幅度削减（情景3），中国各能源部门（不包括电力）的产量、贸易和供应将出现大幅波动。受石油进口大幅下降的影响，中国石油价格（4.795%）和产量（16.609%）会显著上升。而天然气方面，其出口的大幅下降（-40.868%）导致天然气产量急剧下降（-9.588%）。从能源进口来源看，中国石油、天然气和石油制品进口严重依赖包括伊朗、沙特阿拉伯在内的波斯湾国家。因此，美伊冲突可能通过影响能源价格、能源供应和进口来源，直接威胁中国的能源安全。

第二，本书的模拟结果表明，国际冲突也会对大多数非能源部门的产出和贸易产生负面影响。能源部门生产链的下游和上游部门受到冲突的严重影响，轻工业是唯一受益的部门。能源价格上涨会大大增加下游行业的生产成本，建筑业（–0.064%）、服务业（–0.038%）和重工业（–0.035%）的产量也因此下降。由于能源部门需求减少，矿产品产量下降0.070%。此外，在情景2中，假设其他波斯湾国家的备用石油生产能力得到充分利用，大多数非能源部门的负面影响得到很大程度的抵消。然而，如果这些国家的石油出口随后减少，情况会进一步恶化，就像情景3中描述的那样。

第三，美伊紧张局势不仅会威胁中国的能源安全，还会对中国经济增长产生负面影响。根据情景1，全面禁运伊朗石油预计将阻碍其出口，间接导致中国实际GDP下降（–0.047%）。与单独的制裁相比，美国和伊朗的紧张关系的任何后续升级，包括其他波斯湾国家的后续行动和伊朗对制裁的抵制，都会影响中国经济的增长。模拟结果表明，其他波斯湾国家石油产量的增加将在一定程度上缓冲中国实际GDP下降的趋势（–0.024%）。然而，如果波斯湾的石油出口完全减少，全球油价可能大幅上涨，中国会遭受更大的经济损失（GDP减少0.342%）。

另外，本节从损失和收益角度找到了美国、伊朗和波斯湾国家可能采取行动的合理性。虽然第三部分中的情景设置没有被证明其存在的合理性，但是从模拟结果中可以发现这三方行为采取的动机。首先，美国制裁伊朗也许有助于自身页岩油气的生产和出口，同时保证经济增长保持在合理范围，而没有出现太大的变动。即使最后霍尔木兹海峡被关闭，美国的经济形势较其他国家仍表现良好。其次，波斯湾国家对美国的制裁行为不会置之不理，因为这会导致全球经济衰退。同时利用剩余产能增加全球石油供给，不仅可以稳定全球经济，而且可以提高自身GDP。最后，伊朗封锁霍尔木兹海峡的理由，主要包括经济利益和政治需求两方面。首先，美国对伊朗的制裁导致伊朗实际GDP下降0.647%，绝对值下降27.51亿美元，这意味着伊朗极有可能积极抵制美国的制裁来避免更大的经济损失。另外，如结果所示，霍尔木兹海峡的封锁对于伊朗的利益和损害在制裁前后并没有实质性区别，但这一措施却可以引发全球石油危机，造成更大的市场恐慌甚至全球经济衰退，而这可能反向导致国际社会其他国家对美国制裁行为的谴责。伊朗通过国际向美国政府施压可能成为伊朗在面对制裁时唯一取胜的砝码，从而扭转伊朗被制裁的被动局面。

第 5 章

美国页岩油革命
对中国能源安全的影响研究

——基于隐含能源流动视角

如前文所述,全球能源局势演变的另一个表现是美国因页岩油革命,使得以美国为代表的石油进口国转变为石油生产大国和出口国,其高含能产品更广泛参与国际贸易进而改变了全球能源贸易结构与贸易网络;同时,中国在此期间发展成为全球经济规模第二大的国家和世界主要能源消费国,参与国际贸易网络的程度更深、范围更广,隐含能源流动规模更大、更加频繁。那么,美国页岩油革命这类事件对中国能源安全特别是隐含能源安全有什么影响?在当前因贸易脱钩、疫情因素导致的供应链中断等背景和发展趋势下,研究此问题更具有时代意义。本书第4章侧重研究国家冲突下石油贸易对中国能源安全带来的溢出影响,本章则侧重研究国家经济合作下全球商品贸易带来的隐含能源安全影响,进一步丰富页岩油革命对全球能源局势演变的实际意义,丰富能源局势演变中化石能源供需角色变化对中国能源安全影响的研究视角。

本章采用多区域投入产出模型(Multiregional Input–Output Model,MRIO),基于隐含能源流动视角,分别从美国页岩油革命对中国总体隐含能源消耗影响效果、对中美隐含能源流动影响效果、对中国与世界各地区隐含能源进出口影响效果三方面,从多样化和依赖程度变化衡量页岩油革命的影响程度。

5.1 美国页岩油革命整体情况概述

美国页岩油技术突破及其大规模开发,是20世纪国际能源市场上引人瞩目且影响深远的事件。20世纪70年代—2006年,美国页岩油生产一直属于试验性质,产量和影响都较小;2006—2012年,页岩油产量初步展现增长迹象;之后三年的时间里,页岩油开发得到了快速增长,至2015年,页岩油产量占美国原油总产量的比重已经超过50%(图5-1)。2017年美国超过俄罗斯、沙特阿拉伯成为全球第一大原油生产国。2020

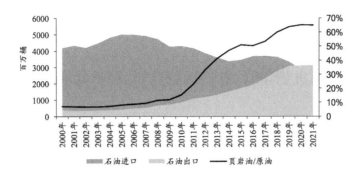

图 5-1　美国石油发展情况

数据来源：美国能源信息署（EIA）。

年，美国石油出口已经超过石油进口。在此期间，全球化石能源供需格局呈现出供给多元和需求集中的演变特征。

中国和美国作为全球前两大经济体，彼此之间存在着紧密的能源贸易往来。随着美国页岩油的快速增长，美国能源出口中高达 1/5 的页岩油流向中国（吴凡等，2018）。同时，需要注意的是，除了巨大规模的直接能源贸易外，中美贸易网络还伴随着大量的隐含能源流动（崔连标等，2014；刘会政和李雪珊，2017；杨宇，2022）。那么，美国页岩油革命带来的石油供给增加，是否影响到了中美隐含能源贸易流动，这种流动又对中国能源安全带来怎样的影响？该问题的解决，对拓展能源安全的认知维度具有重要意义。

总之，当前研究多集中在从直接能源角度分析美国石油供给增加对国际石油市场及能源安全的影响，鲜有学者从隐含能源角度去观察这两者之间的关系。本章将页岩油供给变化当作冲击变量，运用多区域投入产出模型计算 2005—2014 年美国石油供给引起的中国生产侧、消费侧能源消耗及隐含能源进出口情况，评估中国对各个国家能源依赖程度变化情况及其行业异质性，从而进一步评估中国能源安全状况。本研究的边际贡献主要包括以下两方面：①首次采用投入产出模型从隐含能源角度评估美国页岩油革命对中国能源安全的影响；②将美国页岩油革命对中国能源安全的影响研究细化到各个部门。

5.2 美国页岩油革命影响隐含能源安全的理论机制

随着页岩油革命的进行，相关研究逐步增多，学术界极为关注这一非常规石油来源对各地区宏观经济及能源安全的影响。研究发现，页岩油革命主要从石油供给量变动及价格变动两方面影响世界能源格局及能源安全。

从石油供给方面看，美国页岩油的大量生产，使得美国石油出口增加，改变了全球石油供需格局。龙涛等（2019）认为美国页岩油为世界能源市场提供了更为多元的选择，有利于缓解全球能源供应紧张局势。

部分学者就石油供给增加对中国能源安全的影响展开了研究，研究结论还存在一定争论。一些学者认为，美国页岩油革命有助于提升中国能源安全。相对于传统石油，页岩油具有更大的价格弹性，因此页岩油供给增加有助于维持国际油价稳定，并从整体上改善包括中国在内的所有石油进口国能源安全状况（Ansari，2017；富景筠，2019；龙涛等，2019）。不过也有学者认为，美国页岩油革命增加了中国的能源安全风险。持有该观点的研究其主要依据在于：一方面，美国通过页岩油革命增强了能源独立性，对中东石油依赖性下降，确保中东石油稳定不再是其重点战略目标，而中国依赖中东石油供应，因此能源安全的不确定性程度提升（Hastings 和 Mcclelland，2013）；另一方面，美国为了实现能源统治地位，争夺石油市场主导权，对伊朗、委内瑞拉等石油出口国进行制裁，间接导致中国从相关国家进口原油受到很大限制（胡纾寒等，2018；梁海峰和李颖，2019；富景筠，2019）。可见，美国页岩油革命带来的石油供给增加对中国能源安全的影响并不是绝对有利或有弊的。

能源价格是能源安全的重要组成部分。2014 年国际石油价格大幅下跌，不少学者认为，美国页岩油的供应是导致石油价格下降的原因之一

（Manescu 和 Nuno，2015；Auping et al.，2016；Bataa 和 Park，2017；Kim，2018）。石油价格从 2014 年 6 月的 105 美元暴跌至 12 月的 60 美元以下，Manescu 和 Nuno（2015）运用全球石油的 DSGE 模型研究了 2014 年下半年石油价格暴跌因素的相对重要性，发现美国石油供给对石油价格的影响最大。Bataa 和 Park（2017）用带结构突变的 SVAR 模型检验发现，美国供应冲击是实际油价变动的重要驱动因素，美国石油供给变化解释了 2014 年 6 月—2016 年 2 月期间约 1/4 的石油价格下跌。美国页岩油革命的经济影响也引起研究者的极大兴趣。DSGE 模型、VAR 模型等是此类研究中常用的评估模型，它们倾向于关注经济如何受到源自经济外部的外生石油价格冲击或石油供应冲击的影响（Melek et al.，2021）。Manescu 和 Nuno（2015）运用 DSGE 模型评估了页岩油革命对世界经济增长的影响，发现日本、印度、中国和大多数欧洲国家等石油进口国是页岩油革命的间接赢家，GDP 整体可增加 0.2%。Mohaddes 和 Raissi（2019）利用全球 VAR 模型考察了美国页岩油供应对全球经济的影响，结果表明，外源性石油供应导致全球经济总体改善、石油进口国经济持续增长；相反，对石油出口国的影响是负向的。Melek et al.（2021）运用 DSGE 模型研究了美国页岩油繁荣对美国经济、贸易平衡和全球石油市场的影响，研究结果表明，页岩油的繁荣将美国实际 GDP 提高了略高于 12%，并将 2010—2015 年石油贸易占 GDP 的份额提高了约 1 个百分点。此外，Umechukwu 和 Olayungbo（2022）采用 GVAR 石油资源模型考察了 2013 年开始的美国页岩油供应对 4 个非洲石油出口国的影响，研究发现美国页岩油供应对埃及产生负面影响，对尼日利亚和加蓬产生正面影响，但对阿尔及利亚影响不大。

尽管理论界更多地从直接能源角度研究能源安全问题，但基于隐含能源视角的研究也开始得到重视。与传统的直接能源消耗测量相比，隐含能源的优势在于它不仅计算直接能源消耗，还计算间接能源消耗，可以从更全面的角度来评估一个产品或一个国家的所有能源需求。Bortolamedi（2015）发现越来越多的文献提出了衡量一次能源供应安全的指标，并将其应用于跨国能源安全评估，但间接一次能源消费，即贸易商品中的一次能源通常被忽视。Bortolamedi（2015）进一步的研究发现，是否将贸易商品中的隐含能源纳入核算框架，对欧洲国家能源安全评估很重要，提出将间接能源消耗纳入能源安全指标，为国家能源安全评估开辟一个新的视角。Shepard 和 Pratson（2020）运用投入产出模型研究直接、间接能源安全，发现全球 23% 的隐含能源网络是由初级能源生产国与其他没有直接贸易联系的国家之间的间接能源贸易联系构成的，与直接能源相比全球经济对间接能源进口的依赖程度提高了 90%，各国在间接能源方面的贸易伙伴普遍比在直接能源方面的贸易伙伴多得多，间接能源投资组合也比直接能源投资组合有更多的贸易联系，这表明全球经济对间接能源的依赖相对安全。Chen 等（2018）应用复杂网络方法，定量分析了隐含能源网络的全球特征、区域结构、国家重要性和能源安全。提出一个原本严重依赖能源商品进口来支持国内生产的经济体，可以将其能源密集型产业外包，以减少能源商品进口，从而在一定程度上缓解能源供应波动的影响。

美国页岩油革命直接导致美国石油产量增加、石油供给增加（包括中间产品与最终产品的供给），从而影响全球贸易格局，然后通过错综复杂的贸易网络影响国家之间、产业之间的隐含能源流动。隐含能源安全与供应链安全相关（Shepard 和 Pratson，2020）。一件产品的不同组件可能来源于不同的国家，组件中的间接能源可能来源于政治不稳定的国家。美国石油供给变化不仅改变了石油供需格局，还对伊朗、委内瑞拉等石油出口国进行制裁，直接影响石油出口国的能源出口，从而影响对被制裁国家能源依赖性大的国家的能源安全，进而影响全球的供应链，进一步影响全球的隐含能源流动。美国石油供给变化主要从两方面影响国家能源安全（郑璐，2021）。一方面，美国石油供给变化会间接影响一国生产侧、消费侧能源消耗、隐含能源进出口状况，进而影响该国隐含能源依赖程度的变化，进一步影响能源安全。如果隐含能源依赖程度变大，国际能源局势动荡对该国影响变大，该国能源安全面临的风险变大；如果隐含能源依赖程度变小，国际能源局势动荡对该国影响变小，该国能源安全面临的风险变小。另一方面，美国石油供给变化会间接影响一国隐含能源进口来源、出口去向的多样化，进而影响该国能源安全。如果该国隐含能源进口来源、出口去向的多样化程度变高，有助于分散该国的能源安全风险，进而对该国能源安全有利；反之，如果该国隐含能源进口来源、出口去向的多样化程度降低，该国能源安全风险的集中度变高，不利于能源安全。美国页岩油革命对中国隐含能源安全影响的具体的理论机制如图5-2。

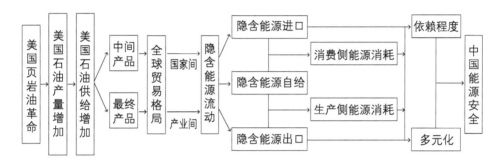

图 5-2　理论机制图

5.3 方法框架与数据来源

5.3.1 多区域投入产出模型

投入产出表是多区域投入产出模型的实证基础。如表 5-1 所示，投入产出表由三部分组成，第一部分是中间投入矩阵，用 X 表示，反映了部门之间生产资料的直接投入产出关系，即某一部门生产所需另一部门的直接投入。第二部分是最终使用矩阵，用 Y 表示，表示某一部门生产产品中的一部分作为最终产品进行分配，最终产品包含居民使用、政府消费、资本形成以及净出口。第三部分是增加值矩阵，用 V 表示，反映了各个部门生产所需的初始投入，包含劳动者报酬等项目。在数量关系上，

表 5-1 投入产出结构

投入 \ 产出		中间使用				最终使用				总产出
		部门1	…	部门n	中间使用合计	最终消费	资本形成总额	净出口	最终使用合计	
中间投入	部门1	X				Y				Q
	…									
	部门n									
	中间投入合计									
增加值	劳动者报酬	V								
	生产税净额									
	固定资产折旧									
	营业盈余									
	增加值合计									
总投入		Q								

总产出是中间投入与最终使用之和，而总投入等于中间投入加初始投入，同时总投入等于总产出。

多区域投入产出模型将区域间与产业间的经济联系衔接在一起，是投入产出模型在多区域尺度的扩展。区域间投入产出表是 MRIO 模型的实证基础。如表 5-2 所示，表中有 m 个不同的地区，有 n 个不同的部门，基本投入产出模型的行向、列向平衡关系对于多区域投入产出模型同样适用。

表 5-2　多区域投入产出表结构

投入＼产出			中间使用							最终使用			总产出
			地区1			...	地区m			地区1	...	地区m	
			部门1	...	部门n		部门1	...	部门n				
中间投入	地区1	部门1	x_{11}^{11}	...	x_{1n}^{11}	...	x_{11}^{1m}	...	x_{1n}^{1m}	y_1^{11}	...	y_1^{1m}	Q_1^1
		...	...	...	...	...	...	...	...	...	...	...	...
		部门n	x_{n1}^{11}	...	x_{nn}^{11}	...	x_{n1}^{1m}	...	x_{nn}^{1m}	y_n^{11}	...	y_n^{1m}	Q_n^1
	...												
	地区m	部门1	x_{11}^{m1}	...	x_{1n}^{m1}	...	x_{11}^{mm}	...	x_{1n}^{mm}	y_1^{m1}	...	y_1^{mm}	Q_1^m
		...	...	...	...	...	...	...	...	...	...	...	...
		部门n	x_{n1}^{m1}	...	x_{nn}^{m1}	...	x_{n1}^{mm}	...	x_{nn}^{mm}	y_n^{m1}	...	y_n^{mm}	Q_n^m
增加值			V_1^1		V_n^1		V_1^m		V_n^m				
总投入			Q_1^1		Q_n^1		Q_1^m		Q_n^m				

从行向来看，各地区、各部门的中间使用与最终使用之和等于各地区、各部门的总产出，即

$$Q_i^s = \sum_{r=1}^m \sum_{j=1}^n X_{ij}^{sr} + \sum_{r=1}^m Y_i^{sr} \tag{5-1}$$

从列向来看，各地区、各部门的中间投入与增加值（初始投入）之和等于各地区、各部门的总投入，即

$$Q_j^r = \sum_{s=1}^m \sum_{i=1}^n X_{ij}^{sr} + V_j^r \tag{5-2}$$

从总量来看，多区域投入产出表中的总产出等于总投入。列方向元

素 X_{ij}^{sr} 表示地区 r 生产 j 部门产品需要消耗地区 s 中 i 部门的产品数量；Y_i^{sr} 表示地区 s 中 i 部门对地区 r 的最终使用；列方向元素 X_{ij}^{sr} 表示地区 s 中 i 部门分配给地区 r 中 j 部门使用的产品数量；Q_i^s 表示地区 s 中 i 部门的总产出；Q_j^r 表示地区 r 中 j 部门总投入；V_j^r 表示地区 r 中 j 部门的初始投入或增加值。

引入直接消耗系数 a_{ij}^{sr}（$i,j=1\cdots n$；$s,r=1\cdots m$），表示地区 r 中 j 部门单位产量所需来自地区 s 中 i 部门的直接投入，反映了各部门单位产量的直接消耗情况，计算公式为：

$$a_{ij}^{sr} = X_{ij}^{sr}/Q_j^r \qquad (5\text{-}3)$$

将直接消耗系数引入行均衡公式中，因为 $X_{ij}^{sr} = a_{ij}^{sr} \times Q_j^r$，所以行平衡公式也可以表示为：

$$AQ + Y = Q \qquad (5\text{-}4)$$

引入单位矩阵 I，可以将公式（5-4）转化为：

$$Q = (I - A)^{-1}Y = BY \qquad (5\text{-}5)$$

$$B = \begin{bmatrix} b_{11}^{sr} & \cdots & b_{1j}^{sr} & \cdots & b_{1n}^{sr} \\ \vdots & \vdots & \vdots & \vdots & \vdots \\ b_{i1}^{sr} & \cdots & b_{ij}^{sr} & \cdots & b_{in}^{sr} \\ \vdots & \vdots & \vdots & \vdots & \vdots \\ b_{n1}^{sr} & \cdots & b_{nj}^{sr} & \cdots & b_{nn}^{sr} \end{bmatrix}$$

$$(5\text{-}6)$$

其中，A 为直接消耗系数矩阵，Q 为总产出矩阵，Y 为最终使用矩阵，b_{ij}^{sr} 表示地区 r 中 j 部门为生产单位最终产品而对地区 s 中 i 部门产出的完全消耗（包括直接和间接需求），$B = (I - A)^{-1}$ 为列昂惕夫逆矩阵。

5.3.2 页岩油革命引致的隐含能源消耗核算模型

多区域投入产出模型（MRIO 模型）对不同国家的经济和技术结构进行了区分，呈现了国家间不同部门产业链之间的内在联系，同时识别了贸易产品的不同来源和流向，为基于消费端视角核算贸易隐含能源、贸易隐含碳等提供了技术条件。另外，MRIO 模型可基于多区域投入产出表所体现的联动依赖关系，根据某一国家或某一部门受到冲击后产生的增量变化，预测其他国家和部门的经济波动范围与波动程度（闫绪娴等，2021）。基于该思想，目前多区域投入产出模型广泛应用于灾害对关联区域关联产业的间接经济损失评估（周蕾等，2018），本章借鉴该思想评估美国页岩油革命对中国能源安全的影响。页岩油革命会通过国际上错综复杂的贸易网络传导到各个国家各个部门，多区域投入产出模型为研究页岩油革命对各个部门的影响提供了条件。

美国页岩油革命直接导致了美国的石油加工业及炼焦部门石油总产量的增加，这部分增量包含两个部分：一部分为出口到其他国家最终产品的增加，另一部分为出口到其他国家中间产品的增加。美国出口到各个国家的石油最终产品的变化，即各个国家对美国石油最终使用的变化会引致各个国家各个部门隐含能源消耗发生变化。本章通过美国石油供给变化所引致的中国隐含能源消耗变化、中国隐含能源来源、对各国能源依赖程度变化情况来进一步评估美国页岩油革命对中国能源安全的影响。

为了排除其他部门、其他因素的干扰，只考虑美国页岩油革命带来的影响，假定该地区其他部门的最终产品和其他地区各个部门的最终产品为 0，只考虑美国的石油加工及炼焦部门石油供给变化带来的各个国家各个部门隐含能源消耗变化情况。经过上述假定后，通过多区域投入产出模型得到的隐含能源变动情况主要由美国石油供给变化引起。假设美国为地区 1，其他国家为地区 s（$s=2,3\cdots r$）；石油加工及炼焦部门为部门 1，其他部门为部门 i（$i=2,3\cdots j$）。各国各部门总产出表示为：

$$
\begin{bmatrix}
q_1^{11} & \cdots & q_1^{1m} \\
\vdots & \vdots & \vdots \\
q_n^{11} & \cdots & q_n^{1m} \\
\vdots & \vdots & \vdots \\
q_1^{m1} & \cdots & q_1^{mm} \\
\vdots & \vdots & \vdots \\
q_n^{m1} & \cdots & q_n^{mm}
\end{bmatrix}
=
\begin{bmatrix}
b_{11}^{11} & b_{1n}^{11} & b_{11}^{1m} & b_{1n}^{1m} \\
 & & & \\
b_{n1}^{11} & b_{nn}^{11} & b_{n1}^{1m} & b_{nn}^{1m} \\
 & & & \\
b_{11}^{m1} & b_{1n}^{m1} & b_{11}^{mm} & b_{1n}^{mm} \\
 & & & \\
b_{n1}^{m1} & b_{nn}^{m1} & b_{n1}^{mm} & b_{nn}^{mm}
\end{bmatrix}
\begin{bmatrix}
y_1^{11} & \cdots & y_1^{1m} \\
0 & \cdots & 0 \\
\vdots & & \vdots \\
0 & \cdots & 0 \\
\vdots & & \vdots \\
\vdots & & \vdots \\
0 & \cdots & 0
\end{bmatrix}
\quad (5\text{-}7)
$$

隐含能源测算的是产品在整个生命周期中的全部能源消耗，既包括产品在最终消费环节所直接消耗的能源，又包括中间投入品生产所产生的间接能源消耗。令c_i^s为能源消耗系数，由地区s中i部门直接能源消耗量与地区s中i部门的总产出比值得出。令C_s为能源消耗系数的对角矩阵，对角线上的元素表示地区s各个部门单位产出引致的能源消耗量。

公式（5-7）将各个地区各个部门的总产出分解为满足本地区和其他地区最终需求的产出，将C_s的对角矩阵右乘总产出分解矩阵，可得能源消耗分解矩阵：

$$
\begin{bmatrix}
c_1^1 & 0 & 0 & 0 \\
0 & c_n^1 & 0 & 0 \\
0 & 0 & c_1^m & 0 \\
0 & 0 & 0 & c_n^m
\end{bmatrix}
\begin{bmatrix}
q_1^{11} & \cdots & q_1^{1m} \\
\vdots & \vdots & \vdots \\
q_n^{11} & \cdots & q_n^{1m} \\
q_1^{m1} & \cdots & q_1^{mm} \\
\vdots & \vdots & \vdots \\
q_n^{m1} & \cdots & q_n^{mm}
\end{bmatrix}
=
\begin{bmatrix}
e_1^{11} & \cdots & e_1^{1m} \\
\vdots & \vdots & \vdots \\
e_n^{11} & \cdots & e_n^{1m} \\
e_1^{m1} & \cdots & e_1^{mm} \\
\vdots & \vdots & \vdots \\
e_n^{m1} & \cdots & e_n^{mm}
\end{bmatrix}
\tag{5-8}
$$

一个地区的生产侧能源消耗是指本地区为满足本地区以及其他地区最终需求的能源消耗，即只考虑本地区总产出的能源消耗总量，与其他地区产出的能源消耗没有任何关联，所以地区s中i部门的生产侧能源消耗表示为：

$$
E_p^s = \sum_r^m e_i^{sr}
\tag{5-9}
$$

其中，e_i^{sr}表示地区s为地区r生产部门i中的产品所消耗的能源总量。

一个地区的消费侧能源消耗是指该地区最终需求所引致的所有能源消耗（包含引致本地区满足本地区最终需求的能源消耗以及其他地区满足本地区最终需求的能源消耗），即本地区的能源消耗是本地区对区域内、区域外产品需求引发的能源消耗总量。消费侧能源消耗与生产侧能源消耗不同，能源消耗核算与需求直接相关，并不限于本区域之内。所以地区s中i部门的消费侧能源消耗表示为：

$$E_c^s = \sum_r^m e_i^{rs} \qquad (5\text{-}10)$$

其中，e_i^{rs} 表示地区 r 为地区 s 生产部门 i 中的产品所消耗的能源总量。

一个地区的隐含能源出口表示该地区承担了本地区以外其他地区的能源消耗，即本地区出口到其他地区的产品引致的能源消耗总量，所以地区 s 中 i 部门的隐含能源出口表示为：

$$E_{out}^s = \sum_{r \neq s}^m e_i^{sr} \qquad (5\text{-}11)$$

一个地区的隐含能源进口表示该地区应该承担的能源消耗被其他地区所承担，即其他地区出口到本地区的产品所引致其他地区的能源消耗总量，所以地区 s 中部门的隐含能源进口表示为：

$$E_{in}^s = \sum_{r \neq s}^m e_i^{rs} \qquad (5\text{-}12)$$

贸易隐含能源净出口可以由本地区生产侧能源消耗量与消费侧能源消耗量或隐含能源出口与进口之差所得，地区 s 贸易隐含能源净出口可表示为：

$$E_{net}^s = E_p^s - E_c^s = E_{out}^s - E_{in}^s \qquad (5\text{-}13)$$

本章通过模型假定后，公式（5-9）、（5-10）、（5-11）、（5-12）和（5-13）分别得出美国石油最终产品生产引致的生产侧能源消耗、消费侧能源消耗、隐含能源出口、隐含能源进口和隐含能源净出口。

5.3.3 数据来源与处理

本章使用的世界投入产出表来源于由欧盟资助、多个组织联合开发的 WIOD（The World Input-Output Database）数据库。目前，WIOD 数据库提供了两版投入产出数据，第一版发布于 2013 年，最新版本发布于 2016 年。本章使用 2016 年投入产出数据，该数据包含了 2000—2014 年全球 44 个经济体（28 个欧盟国家，美国、中国、日本、韩国等 15 个其他主要国家以及由世界其他地区组成的 ROW 区域），总共包括 56 个部门。WIOD 数据库覆盖了绝大多数的发达经济体，较为细致地刻画了全球国家与部门间的国际贸易，具有广泛的代表性（刘增明等，2021）。此外，该版数据库还提供了环境类账户，其中包括各个国家、各个部门的能源使用数据，包含了化石能源、核能、太阳能、风能等清洁能源，单位为TJ（万亿焦耳）。美国对各个国家石油出口的数据来源于美国能源信息署（EIA）。石油出口数据包含中间产品出口及最终产品出口，本章根据投入产出表中中间产品与最终产品的比值进行划分。此外，本章从行业研究价值出发，在参考《国际标准行业分类》（ISIC Rev 4.0）的基础上进行部门聚合。部门聚合主要考虑将能源密集型行业单独研究，而将能源消耗较小且单独研究价值较小的小类部门进行合并，最终将 WIOD 数据库的 56 个部门聚合为 22 个部门，部门聚合结果在附录中的附表 3 中显示。

依据美国页岩油革命的发生时间，同时考虑世界投入产出表以及美国石油出口数据的完整性和可获得性，本部分选择研究 2005—2014 年美国页岩油革命对中国能源安全影响情况。在该时间段，美国页岩油革命处于发展繁荣期，全球能源贸易网络运行流畅，美国页岩油革命的影响可以快速传递到包括中国在内的世界其他区域，研究价值较大。

5.4 美国页岩油革命对中国能源安全的影响效果分析

经过前面的模型假定，本节使用2005—2014年世界投入产出表，从美国页岩油革命对中国总体隐含能源消耗影响效果、对中美隐含能源流动影响效果、对中国与世界各地区隐含能源进出口影响效果三方面显示美国页岩油革命对中国能源安全的影响效应。

5.4.1 美国页岩油革命对中国隐含能源消耗影响效果分析

美国页岩油革命后，中国生产侧能源消耗和消费侧能源消耗总体呈上升趋势，表明美国页岩油革命导致中国对能源的依赖程度逐渐变高。图5-3显示了2005—2014年美国石油最终产品生产引致的中国生产侧能源消耗和消费侧能源消耗变化情况。由图5-3可知，中国生产侧能源消耗除2009年因金融危机有一定下降外，2005—2014年呈上升的趋势，从2005年的10314.53TJ增加到2014年的19490.93TJ，增长了88.97%。消费侧能源消耗从2005年的1680.99TJ快速上升到2014年的33197.59TJ，增长近19倍。此外，中国生产侧能耗在2005—2009年这个阶段变化有升有降，变化规律不明显，2009年后逐年缓慢上升；消费侧能源消耗在2005—2010年这一阶段上升速度较慢，在2010—2013年则迅猛上升，这个阶段是美国页岩油的繁荣时期。该结果表明，美国页岩油繁荣时期对中国能源消耗影响更大，使中国生产侧能源消耗稳定且缓慢上升、消费侧能源消耗则快速上升。

美国页岩油革命对中国消费侧能源消耗影响更大。从图5-3中可以明显看出，美国石油最终产品生产引致的中国消费侧能源消耗增长要快于生产侧能源消耗增长。2008年及以前，美国石油最终产品生产引致的

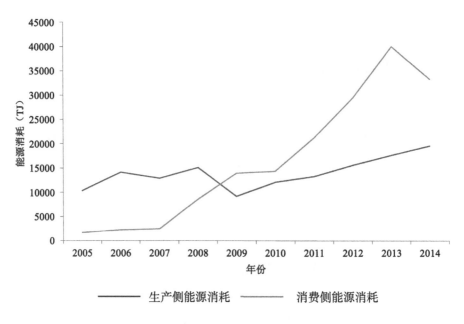

图 5-3　中国生产侧和消费侧能源总消耗量

中国生产侧能源消耗要高于消费侧能源消耗，2009 年中国消费侧能源消耗（13925.42TJ）超过了生产侧能源消耗（9143.22TJ），且其增长速度快于生产侧能源消耗，两者之间的绝对值整体上持续拉大。该结果表明，美国石油最终产品生产引致的中国的间接能源消耗超过了直接能源消耗，美国石油出口变化导致中国更多依赖别国的产品，中国能源安全面临的隐含能源挑战开始凸显。

　　美国石油供给变化对中国与各国的贸易隐含能源影响大，而对满足国内经济活动需求的隐含能源影响微乎其微。由表 5-3 可知，2005—2014 年美国石油最终产品生产引致的中国生产侧能源消耗的增加 99% 以上都是来源于出口的增加，即增长的部分更多是为了满足国外能源产品需求。消费侧能源消耗的增加 99% 以上都是来源于进口的增加。此外，美国石油供给变化对中国隐含能源进口的影响大于隐含能源出口，中国的隐含能源进口面临的能源安全风险更大。2005—2014 年美国石油最终产品生产引致的中国隐含能源出口整体呈上升的趋势，特别是 2009 年以后逐年增加，从 2009 年的 9107.66TJ 上升到 2014 年的 19366.06TJ，上升幅度较大。而中国隐含能源进口从 2005 年开始逐年上升，从 2005 年的 1676.20TJ 上升到 2014 年的 33072.72TJ，上升速度高于隐含能源出口。特别地，2009 年以前，美国石油最终产品生产引致的中国隐含能源进口一直低于隐含能源出口，而 2009 年美国石油最终产品生产引致的中国隐含能源进口（13889.86TJ）超过了隐含能源出口（9107.66TJ），2009 年以后，两者差距呈上升的趋势，2013 年两者之差最大（22349.29TJ），为 2009 年的 4.67 倍，表明美国石油供给变化导致中国更多依赖别国的产品。

表 5-3　中国隐含能源进（出）口及占比

年份	隐含能源出口（TJ）	隐含能源出口 / 生产侧能源消耗（%）	隐含能源进口（TJ）	隐含能源进口 / 消费侧能源消耗（%）	隐含能源净出口（TJ）
2005	10309.74	99.95	1676.20	99.72	8633.54
2006	14141.48	99.94	2220.70	99.64	11920.78
2007	12905.17	99.93	2424.59	99.65	10480.58
2008	15042.01	99.77	8537.82	99.59	6504.20
2009	9107.66	99.61	13889.86	99.74	− 4782.20
2010	11979.73	99.62	14278.16	99.68	− 2298.43
2011	13139.59	99.38	21059.88	99.61	− 7920.30
2012	15391.05	99.23	29320.60	99.59	− 13929.55
2013	17433.05	99.12	39782.34	99.61	− 22349.30
2014	19366.06	99.36	33072.72	99.62	− 13706.66

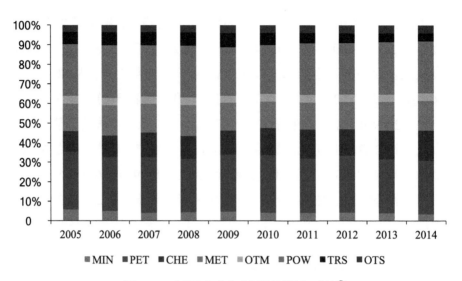

图 5-4　中国各行业生产侧能源消耗百分比[①]

　　图 5-4 显示了美国石油最终产品生产引致的中国各个行业生产侧能源消耗占总生产侧能源消耗的百分比情况。由图 5-4 可知，美国石油最终产品生产引致的中国生产侧能源消耗主要集中在石油加工及炼焦业（28.15%）、电力与热力供应业（25.99%）、金属品冶炼及制品业（14.39%）、化学工业（13.03%）、交通运输业（5.82%）、采掘业（4.33%）和其他制造业（3.82%）等高耗能行业，能源消耗占比超过 95%，而其他行业占比都不足 1%，表明这几个行业生产侧隐含能源消耗容易受美国石油出口变化的影响。此外，2005—2014 年交通运输业和采掘业比例有所下降，化学工业有所上升。交通运输业从 2005 年的 6.16% 逐渐下降到 2014 年的 4.07%；采掘业从 2005 年的 5.74% 逐渐下降到 2014 年的 3.39%；化学

①注：AGR 表示农林牧渔业；MIN 表示采掘业；FOO 表示食品制造及烟草加工业；TEX 表示纺织服装业；WOO 表示木材加工制品业；PAP 表示造纸印刷及文教体育用品制造业；PET 表示石油加工及炼焦业；CHE 表示化学工业；MET 表示金属品冶炼及制品业；HIG 表示高技术制造业；TRE 表示交通运输设备制造业；OTM 表示其他制造业；POW 表示电力与热力供应业；WAT 表示水的供应业；COM 表示废弃资源综合利用业；CON 表示建筑业；WHO 表示批发和零售业；TRS 表示交通运输业；ACC 表示住宿和餐饮；FIN 表示金融业；REA 表示房地产业；OTS 表示其他行业。

工业从 2005 年的 10.57% 上升到 2014 年的 15.33%。而石油加工及炼焦业、电力与热力供应业、金属品冶炼及制品业和其他制造业比例变化规律不明显。农林牧渔业、木材加工制品业和批发和零售业生产侧能源消耗占比呈上升的趋势，纺织服装业、住宿和餐饮呈下降的趋势，但占比均不足 1%，变化微小。食品制造及烟草加工业、造纸印刷业和高技术制造业等其余 10 个行业变化规律不明显。

2009—2014 年，美国石油供给变化导致中国石油加工及炼焦业、电力与热力供应业、金属品冶炼及制品业、化学工业、交通运输业、采掘业和其他制造业生产侧能源消耗逐渐上升。如图 5-5 所示，采掘业、石油加工及炼焦业、金属品冶炼及制品业、其他制造业、电力与热力供应业、交通运输业 2009 年前变动较不规律，2009—2014 年生产侧能源消耗逐渐上升，采掘业上升 237.07TJ（55.85%），石油加工及炼焦业上升 2647.22TJ（99.63%），金属品冶炼及制品业上升 1660.77TJ（129.56%），其他制造业上升 415.40TJ（124.76%），电力与热力供应业上升 2894.10TJ（129.29%），交通运输业上升 129.97TJ（19.62%），美国石油最终产品生产引致的这几个行业生产侧能源依赖性逐渐增大，

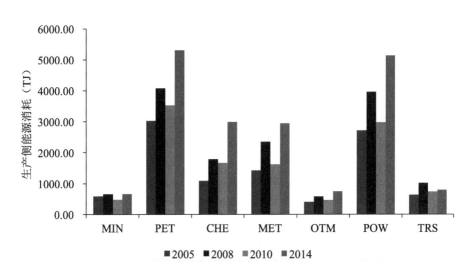

图 5-5　中国各行业生产侧能源消耗

这个时间段也是美国页岩油革命较为繁荣的时期。化学工业 2005—2008 年生产侧能源消耗逐年上升，由于经济危机到 2009 年下降，2009—2014 年上升 1870.79TJ（167.60%），化学工业生产侧能源依赖性也逐渐增大。2009—2014 年，美国页岩油革命对石油加工及炼焦业、化学工业、金属品冶炼及制品业和电力与热力供应业生产侧能源消耗影响更大，这几个行业均是能源密集型行业。此外，农林牧渔业、食品制造及烟草加工业和纺织服装业等其余行业 2005—2008 年生产侧能源消耗变动较不规律，2009—2014 年呈上升的趋势，但变化相对较小。

与生产侧能源消耗相比，美国石油最终产品生产引致的中国消费侧能源消耗在各个行业中分布更集中，更加集中在石油加工及炼焦业。随着美国石油供给的变化，消费侧能源消耗对石油加工及炼焦业的集中度有所下降。由表 5-4 可知，美国石油最终产品生产引致的中国消费侧能

表 5-4　中国各行业消费侧能源消耗及占比

年份（年）	MIN		PET		POW	
	消费侧能源消耗（TJ）	比值（%）	消费侧能源消耗（TJ）	比值（%）	消费侧能源消耗（TJ）	比值（%）
2005	60.50	3.60	1536.36	91.40	52.54	3.13
2006	84.12	3.77	2018.62	90.57	77.63	3.48
2007	95.85	3.94	2202.44	90.52	80.90	3.32
2008	406.89	4.75	7614.43	88.82	342.53	4.00
2009	560.30	4.02	12704.00	91.23	398.75	2.86
2010	629.37	4.39	12912.68	90.15	466.31	3.26
2011	964.12	4.56	18770.57	88.78	846.73	4.00
2012	1532.66	5.21	26040.54	88.45	1091.20	3.71
2013	2088.59	5.23	35268.47	88.31	1478.28	3.70
2014	1734.23	5.22	29435.35	88.67	1144.74	3.45

源消耗主要集中在石油加工及炼焦业、采掘业和电力与热力供应业，占比超过 97%，其余行业占比均不超过 1%，表明这三个行业消费侧隐含能源容易受美国石油出口变化的影响，特别是石油加工及炼焦业，消费侧能源消耗占比远远超过其他行业。此外，石油加工及炼焦业比例有所下降，从 2005 年的 91.40% 逐渐下降到 2014 年的 88.67%，采掘业从 2005 年的 3.60% 上升到 2014 年的 5.22%，而电力与热力供应业变化规律不明显。可见，消费侧能源消耗对石油加工及炼焦业的集中度有所下降。此外，农林牧渔业、食品制造及烟草加工业和纺织服装业等其余行业因占比不足 1%，变化比较微小。

2005—2014 年，美国石油供给变化导致石油加工及炼焦业、采掘业和电力与热力供应业的消费侧能源消耗呈上升趋势，美国页岩油革命导致这三个行业消费侧能源依赖性逐渐增大。表 5-4 进一步显示了石油加工及炼焦业、采掘业和电力与热力供应业的消费侧能源消耗情况。石油加工及炼焦业消费侧能源消耗 2005—2013 年上升 33732.11TJ（2195.59%），2014 年下降 5833.12TJ（16.54%）；采掘业消费侧能源消耗 2005—2013 年上升 2028.09TJ（3352.21%），2014 年下降 354.36TJ（16.97%）；电力与热力供应业消费侧能源消耗 2005—2013 年上升 1425.74TJ（2713.63%），2014 年下降 333.54TJ（22.56%）。

美国石油供给变化导致中国采掘业和石油加工及炼焦业隐含能源进口的影响大于出口。由图 5-6 可知，2005—2008 年美国石油最终产品生产引致的采掘业隐含能源净出口大于 0，但净出口逐渐减少，从 2005 年的 531.43TJ 下降到 2008 年的 249.93TJ。2009 年，采掘业隐含能源进口超过了出口，且 2009 年之后，隐含能源净出口始终小于 0，且呈下降的趋势，从 2009 年的 –135.82TJ 下降到 –1072.68TJ。对于石油加工及炼焦业，2005—2007 年隐含能源净出口始终大于 0，而在 2008 年及之后，隐含能源净出口持续小于 0 且呈下降的趋势，从 2008 年的 –3533.83TJ 下降到 2014 年的 –24131.19TJ，下降 582.86%。表明这两个行业的隐含能源进口依赖性逐渐增大。化学工业、金属品冶炼及制品业、其他制造业

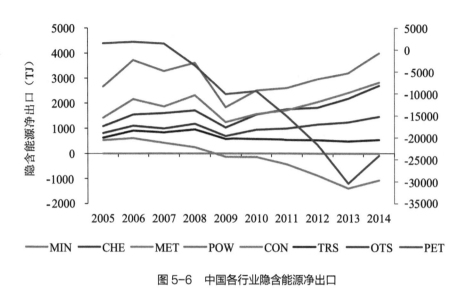

图 5-6　中国各行业隐含能源净出口

注: 石油加工及炼焦业 (PET) 的隐含能源净出口折线对应次坐标轴, 其他行业对应主坐标轴。

和电力与热力供应业 2005—2008 年隐含能源净出口变化规律较不明显, 2009—2014 年分别增加 1656.79TJ、1572.28TJ、385.36TJ、2148.11TJ, 总体上呈上升的趋势。而交通运输业 2006—2014 年呈下降的趋势, 从 2006 年的 915.47TJ 下降到 2014 年的 544.60TJ。此外, 建筑业也从 2011 年前的隐含能源净出口大于 0 转变为 2011—2014 年小于 0, 2011 年为 –2.14TJ, 2014 年为 –7.75TJ, 变化与前两个行业相比微乎其微。其他行业 2005—2014 年隐含能源净出口始终大于 0, 且美国石油出口变化对这些行业的影响规律较不明显。由此可知, 主要是采掘业和石油加工及炼焦业导致美国石油最终产品生产引致的中国隐含能源净进口大于 0, 特别是石油加工及炼焦业。

5.4.2 美国页岩油革命对中美隐含能源流动影响效果分析

表 5-5 列举了 2005 年、2010 年、2014 年中国对各国隐含能源进口、出口情况。从表 5-5 中可知, 美国石油最终产品生产引致的中国

表5-5 中国与各国隐含能源流动（TJ）

国家	2005年		2010年		2014年	
	隐含能源出口	隐含能源进口	隐含能源出口	隐含能源进口	隐含能源出口	隐含能源进口
美国	8814.36（85.5%）	1565.66（93.1%）	8524.71（70.9%）	13318.84（92.9%）	12848.19（65.9%）	30666.60（92.4%）
澳大利亚	11.03（0.11%）	0.41（0.02%）	13.47（0.11%）	2.74（0.02%）	22.10（0.11%）	6.32（0.02%）
奥地利	0.02（0.00%）	0.05（0.00%）	0.00（0.00%）	0.58（0.00%）	0.01（0.00%）	1.55（0.00%）
比利时	23.00（0.22%）	0.32（0.02%）	28.17（0.23%）	4.34（0.03%）	39.86（0.20%）	11.42（0.03%）
保加利亚	0.64（0.01%）	0.05（0.00%）	0.36（0.00%）	0.52（0.00%）	0.62（0.00%）	1.09（0.00%）
巴西	39.80（0.39%）	1.11（0.07%）	178.73（1.49%）	9.87（0.07%）	338.38（1.74%）	26.48（0.08%）
加拿大	226.10（2.19%）	25.34（1.51%）	334.95（2.79%）	206.90（1.44%）	1383.87（7.10%）	853.40（2.57%）
瑞士	0.69（0.01%）	0.06（0.00%）	0.93（0.01%）	0.67（0.00%）	7.30（0.04%）	2.30（0.01%）
中国	4.79（0.05%）	4.79（0.28%）	45.67（0.38%）	45.67（0.32%）	124.87（0.64%）	124.87（0.38%）
塞浦路斯	0.02（0.00%）	0.01（0.00%）	0.01（0.00%）	0.02（0.00%）	1.17（0.01%）	0.05（0.00%）
捷克	0.01（0.00%）	0.06（0.00%）	0.01（0.00%）	0.63（0.00%）	0.01（0.00%）	1.66（0.00%）
德国	3.98（0.04%）	1.06（0.06%）	38.05（0.32%）	7.70（0.05%）	12.60（0.06%）	19.80（0.06%）
丹麦	3.26（0.03%）	0.23（0.01%）	7.47（0.06%）	1.73（0.01%）	6.96（0.04%）	2.47（0.01%）
西班牙	44.84（0.43%）	0.45（0.03%）	56.77（0.47%）	5.27（0.04%）	70.78（0.36%）	17.60（0.05%）

国家	2005 年		2010 年		2014 年	
	隐含能源出口	隐含能源进口	隐含能源出口	隐含能源进口	隐含能源出口	隐含能源进口
爱沙尼亚	0.00 （0.00%）	0.02 （0.00%）	0.00 （0.00%）	0.19 （0.00%）	0.00 （0.00%）	0.39 （0.00%）
芬兰	2.58 （0.03%）	0.14 （0.01%）	3.75 （0.03%）	1.52 （0.01%）	4.16 （0.02%）	4.78 （0.01%）
法国	26.41 （0.26%）	0.63 （0.04%）	66.68 （0.55%）	5.64 （0.04%）	218.85 （1.12%）	13.59 （0.04%）
英国	31.29 （0.30%）	1.92 （0.11%）	30.03 （0.25%）	14.77 （0.10%）	85.89 （0.44%）	23.70 （0.07%）
希腊	5.40 （0.05%）	0.18 （0.01%）	4.89 （0.04%）	1.53 （0.01%）	8.46 （0.04%）	3.70 （0.01%）
克罗地亚	0.09 （0.00%）	0.05 （0.00%）	0.33 （0.00%）	0.37 （0.00%）	0.01 （0.00%）	0.55 （0.00%）
匈牙利	0.05 （0.00%）	0.04 （0.00%）	0.01 （0.00%）	0.37 （0.00%）	0.00 （0.00%）	1.14 （0.00%）
印度尼西亚	1.78 （0.02%）	0.46 （0.03%）	0.22 （0.00%）	4.50 （0.03%）	0.54 （0.00%）	8.83 （0.03%）
印度	1.40 （0.01%）	1.04 （0.06%）	6.69 （0.06%）	12.23 （0.09%）	45.96 （0.24%）	46.34 （0.14%）
爱尔兰	7.55 （0.07%）	0.05 （0.00%）	3.50 （0.03%）	0.57 （0.00%）	9.29 （0.05%）	1.58 （0.00%）
意大利	40.49 （0.39%）	0.48 （0.03%）	49.86 （0.41%）	4.48 （0.03%）	62.54 （0.32%）	8.08 （0.02%）
日本	34.73 （0.34%）	1.24 （0.07%）	32.50 （0.27%）	11.90 （0.08%）	91.27 （0.47%）	31.66 （0.10%）
韩国	16.82 （0.16%）	1.15 （0.07%）	11.75 （0.10%）	15.07 （0.11%）	63.92 （0.33%）	39.11 （0.12%）
立陶宛	0.01 （0.00%）	0.11 （0.01%）	0.01 （0.00%）	0.99 （0.01%）	1.70 （0.01%）	3.20 （0.01%）
卢森堡	0.00 （0.00%）	0.01 （0.00%）	0.00 （0.00%）	0.08 （0.00%）	0.00 （0.00%）	0.16 （0.00%）

国家	2005 年		2010 年		2014 年	
	隐含能源出口	隐含能源进口	隐含能源出口	隐含能源进口	隐含能源出口	隐含能源进口
拉脱维亚	0.26 （0.00%）	0.01 （0.00%）	0.04 （0.00%）	0.06 （0.00%）	0.05 （0.00%）	0.10 （0.00%）
墨西哥	344.79 （3.34%）	4.93 （0.29%）	670.13 （5.57%）	63.95 （0.45%）	916.59 （4.70%）	131.67 （0.40%）
马耳他	3.18 （0.03%）	0.00 （0.00%）	28.40 （0.24%）	0.03 （0.00%）	44.23 （0.23%）	0.03 （0.00%）
荷兰	32.71 （0.32%）	1.38 （0.08%）	240.28 （2.00%）	12.84 （0.09%）	226.77 （1.16%）	27.25 （0.08%）
挪威	0.62 （0.01%）	0.74 （0.04%）	5.33 （0.04%）	4.98 （0.03%）	12.37 （0.06%）	9.58 （0.03%）
波兰	4.38 （0.04%）	0.11 （0.01%）	0.03 （0.00%）	1.13 （0.01%）	0.45 （0.00%）	3.06 （0.01%）
葡萄牙	2.93 （0.03%）	0.06 （0.00%）	3.70 （0.03%）	0.89 （0.01%）	3.03 （0.02%）	2.98 （0.01%）
罗马尼亚	0.66 （0.01%）	0.12 （0.01%）	2.13 （0.02%）	0.50 （0.00%）	10.90 （0.06%）	1.16 （0.00%）
俄罗斯	0.16 （0.00%）	5.45 （0.32%）	0.53 （0.00%）	72.92 （0.51%）	0.62 （0.00%）	108.49 （0.33%）
斯洛伐克	0.00 （0.00%）	0.02 （0.00%）	0.00 （0.00%）	0.20 （0.00%）	0.00 （0.00%）	0.51 （0.00%）
斯洛文尼亚	0.81 （0.01%）	0.01 （0.00%）	2.47 （0.02%）	0.09 （0.00%）	6.80 （0.03%）	0.21 （0.00%）
瑞典	0.68 （0.01%）	0.24 （0.01%）	4.74 （0.04%）	2.16 （0.02%）	2.81 （0.01%）	5.04 （0.02%）
土耳其	10.86 （0.11%）	0.30 （0.02%）	15.39 （0.13%）	2.40 （0.02%）	85.65 （0.44%）	7.40 （0.02%）
其他地区	571.37 （5.54%）	60.49 （3.6%）	1612.71 （13.4%）	482.01 （3.4%）	2731.37 （14.0%）	977.71 （2.95%）

注：括号中的百分比表示中国对各个国家隐含能源进口（出口）占总能源进口（出口）的比值。

向美国的隐含能源出口比例为 65.9% ~ 85.5%，隐含能源进口比例为 92.4% ~ 93.1%，均远远高于其他国家，所以美国石油最终产品生产引致的中国向美国的隐含能源流动最密切，所以本小节主要分析美国页岩油革命对中国和美国隐含能源流动的影响。

无论从直接能源角度还是从隐含能源角度，美国石油供给变化均导致中国对美国能源进口依赖性增强。由图 5-7 可知，2005—2011 年美国石油最终产品生产引致的中国向美国的隐含能源出口变动较不规律，2011—2014 年隐含能源出口逐年上升，上升了 4816.79TJ；2005—2013 年中国从美国的隐含能源进口逐年增加，2007—2009 年（增长 10722.63TJ）、2010—2013 年（增长 23409.16TJ）这两个阶段增长速度较快，2013—2014 年有所下降，下降 6061.40TJ。2005—2008 年中国对美国隐含能源出口大于进口，2009 年隐含能源进口（12980.73TJ）超过了出口（6804.67TJ），2009—2014 年中国对美国隐含能源出口增加 6043.52TJ（88.81%），进口增加 17685.87TJ（136.25%），可见中国对美国隐含能源进口增长要快于隐含能源出口。总体来看，美国石油供给增加导致中

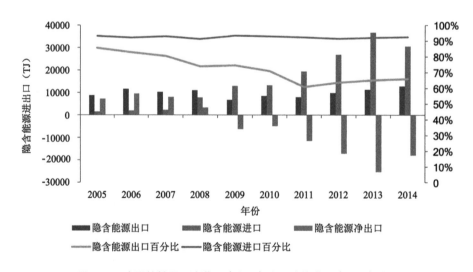

图 5-7　中国从美国石油进口（出口）占石油总进口（出口）比值

数据来源：国家海关总署、美国能源信息署（EIA）。

国与美国隐含能源贸易越来越密切，且最终中国对美国隐含能源进口超过了隐含能源出口，中国更多地进口美国能源密集型产品，对美国的隐含能源进口依赖性增大。由图 5-8 可知，2005—2014 年中国从美国直接石油进口呈上升的趋势，而石油出口逐年下降，2007 年中国从美国石油进口（5117 千桶）超过了石油出口（4517.48 千桶），2007—2014 年中国从美国石油进口持续高于出口，且 2007—2013 年差距逐渐拉大。由此可知，中国对美国直接石油能源进口的依赖性也逐渐增强。

此外，美国石油供给变化导致中国向美国的隐含能源出口占中国总隐含能源出口的比例呈下降的趋势，中国的隐含能源出口集中度下降。但美国石油最终产品生产引致的中国的隐含能源进口还是主要集中在美国，能源安全风险较大。中国向美国的隐含能源出口占中国总隐含能源出口的比例从 2005 年的 85.46% 下降到 2011 年的 60.74%，又逐渐上升到 2014 年的 65.92%，总体来看，呈下降的趋势，可知中国的隐含能源出口集中度下降，有利于中国的能源安全；关于中国从美国隐含能源进口占中国总隐含能源进口的比值，2005—2014 年基本围绕 92% 上下浮动，

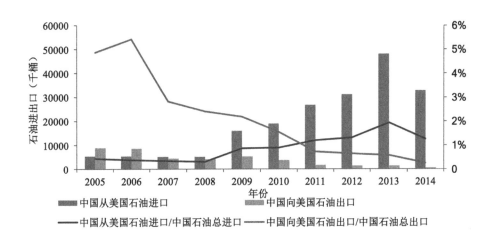

图 5-8　中国与美国隐含能源流动

注：隐含能源进口（出口）百分比指中国向美国隐含能源进口（出口）占中国总隐含能源进口（出口）的比值。

集中度高，能源安全风险较大。

特别地，美国石油供给变化对中美隐含能源贸易影响更大，这是对中国能源安全一种隐性的挑战。如图 5-8，美国并非中国石油的主要进、出口国家，2005—2014 年，尽管中国从美国石油进口占比呈上升的趋势，从 0.44% 上升到 1.26%，但比值始终低于 2%；出口占比呈下降的趋势，从 4.87% 下降到 0.26%，比值低于 6%。与此同时，美国石油最终产品生产引致的中国从美国隐含能源进口占中国总隐含能源进口、隐含能源出口占中国总隐含能源出口的比值分别超过 90% 与 60%，表明美国石油供给变化通过全球复杂的贸易网络影响着中美直接与间接产品与服务的贸易，对中美隐含能源贸易影响更大。

图 5-9 显示了美国石油最终产品生产引致的中国对美国各行业隐含能源出口占中国对美国总隐含能源出口的百分比情况。由图 5-9 可知，美国石油最终产品生产引致的中国对美国隐含能源出口主要集中在石油

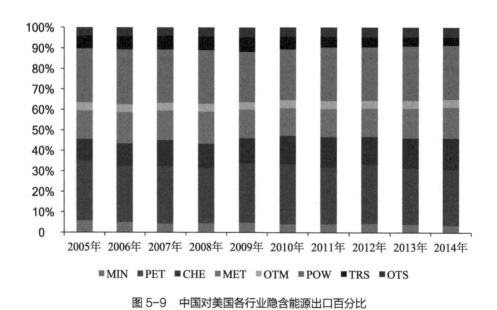

图 5-9　中国对美国各行业隐含能源出口百分比

注：中国对美国各行业隐含能源出口百分比指中国对美国各行业隐含能源出口占中国对美国总隐含能源出口的比值。

加工及炼焦业（28.15%）、电力与热力供应业（25.99%）、金属品冶炼及制品业（14.39%）、化学工业（13.03%）、交通运输业（5.82%）、采掘业（4.33%）和其他制造业（3.82%）等高耗能行业，能源消耗占比超过95%，其他行业占比均不足1%，表明美国页岩油革命对这七个行业的中国对美国隐含能源出口的影响较大。此外，交通运输业和采掘业比例有所下降，而化学工业有所上升。交通运输业从2005年的6.16%逐渐下降到2014年的4.07%，采掘业从2005年的5.74%逐渐下降到2014年的3.39%；化学工业有所上升，从2005年的10.57%上升到2014年的15.33%；石油加工及炼焦业、电力与热力供应业、金属品冶炼及制品业和其他制造业变化规律较不明显。农林牧渔业、食品制造及烟草加工业和纺织服装业等其余行业因占比不足1%，变化微小。农林牧渔业、木材加工制品业、批发和零售业和金融业生产侧能源消耗占比呈上升的趋势，纺织服装业呈下降的趋势，但占比均不足1%，变化微小。食品制造及烟草加工业、造纸印刷业和高技术制造业等其余10个行业变化规律不明显。

2011—2014年，美国石油供给变化导致中国向美国石油加工及炼焦业、电力与热力供应业、金属品冶炼及制品业、化学工业、交通运输业、

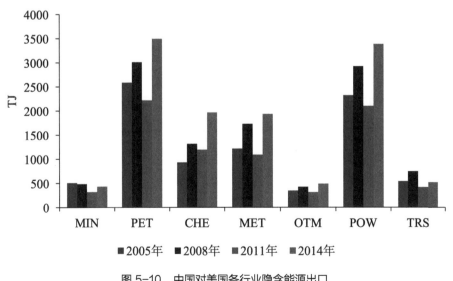

图 5-10　中国对美国各行业隐含能源出口

采掘业和其他制造业的隐含能源出口依赖性增强。图 5-10 显示了美国石油最终产品生产引致的中国向美国石油加工及炼焦业、电力与热力供应业、金属品冶炼及制品业、化学工业、交通运输业、采掘业和其他制造业的隐含能源出口情况。从图 5-10 中可以看出，这七个行业 2010 年前中国向美国隐含能源出口变动较不规律，2011—2014 年逐步上升，美国石油加工及炼焦业上升 1281.97TJ（57.89%）；电力与热力供应业上升 1283.80TJ（61.15%）；金属品冶炼及制品业上升 845.98TJ（77.35%）；化学工业上升 772.18TJ（64.52%）；交通运输业上升 100.43TJ（23.80%）；采掘业上升 112.38TJ（34.72%）；其他制造业上升 177.66TJ（56.28%）。中国对美国石油加工及炼焦业、电力与热力供应业、金属品冶炼及制品业和化学工业隐含能源出口增长较快，美国石油供给变化对这几个行业的中国向美国隐含能源出口的影响较大。此外，2009—2014 年中国对美国农林牧渔业、食品制造及烟草加工业和木材加工制品业等其余行业隐含能源出口呈上升的趋势，但相对于以上行业变化较微小，而对美国纺织服装业、住宿和餐饮隐含能源出口变化规律不明显。

美国页岩油革命导致中国从美国隐含能源进口对于石油加工及炼焦业的集中度有所下降。由表 5-6 可知，美国石油最终产品生产引致的中国对美国隐含能源进口主要集中在石油加工及炼焦业、采掘业和电力与热力供应业，能源消耗占比超过 98%，其他每个行业占比不超过 1%。表明这三个行业中国从美国隐含能源进口容易受美国石油出口变化的影响，特别是石油加工及炼焦业，隐含能源进口占比远远超过其他行业。此外，石油加工及炼焦业比例有所下降，从 2005 年的 96.12% 逐渐下降到 2014 年的 93.89%，采掘业和电力与热力供应业分别从 2005 年的 1.96%、1.17% 上升到 2014 年的 3.03%、1.69%。可见，中国从美国隐含能源进口对于石油加工及炼焦业的集中度有所下降。此外，农林牧渔业、食品制造及烟草加工业和纺织服装业等其余行业因占比不足 1%，变化比较微小。

美国石油供给变化导致中国对美国石油加工及炼焦业、采掘业和电力与热力供应业的隐含能源进口依赖性增强。表 5-6 进一步显示了美国

表 5-6 　中国向美国隐含能源进口及占比

年份	MIN		PET		POW	
	隐含能源进口（TJ）	比值（%）	隐含能源进口（TJ）	比值（%）	隐含能源进口（TJ）	比值（%）
2005	30.76	1.96	1504.85	96.12	18.27	1.17
2006	41.54	2.02	1970.80	96.01	23.05	1.12
2007	54.01	2.39	2153.84	95.38	27.91	1.24
2008	212.60	2.72	7420.99	94.88	113.79	1.45
2009	291.91	2.25	12472.22	96.08	116.88	0.90
2010	366.12	2.75	12648.70	94.97	170.46	1.28
2011	555.01	2.85	18312.36	93.96	366.62	1.88
2012	827.67	3.07	25388.23	94.29	375.20	1.39
2013	1153.90	3.14	34439.60	93.77	619.68	1.69
2014	930.42	3.03	28791.77	93.89	517.78	1.69

注：中国对美国各行业隐含能源进口百分比指中国对美国各行业隐含能源进口占中国对美国总隐含能源进口的比值。

石油最终产品生产引致的中国向美国石油加工及炼焦业、采掘业和电力与热力供应业的隐含能源进口情况。从 2005—2013 年，这三个行业中国向美国隐含能源进口逐年上升，分别上升 32934.75TJ（2188.57%）、1123.14TJ（3651.30%）、601.41TJ（3291.79%），2014 年又分别下降 5647.83TJ（16.40%）、223.48TJ（19.37%）、101.90TJ（16.44%），总体来看，美国石油供给变化导致中国石油加工及炼焦业、采掘业和电力与热力供应业从美国的隐含能源进口呈上升趋势。

美国石油供给变化导致中国对美国采掘业和石油加工及炼焦业隐含能源进口的影响大于出口。由图 5-11 可知，2005—2014 年美国石油最终产品生产引致的中国向美国采掘业隐含能源净出口呈下降的趋势，

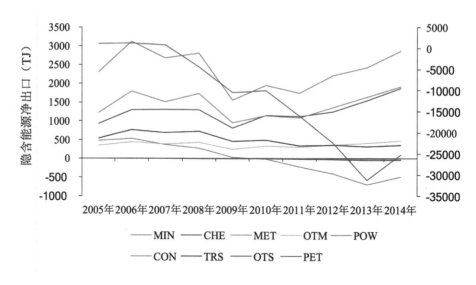

图 5-11　中国对美国各行业隐含能源净出口

注：石油加工及炼焦业（PET）的隐含能源净出口折线对应次坐标轴，其他行业对应主坐标轴。

从 2005 年的 475.08TJ 下降到 −494.33TJ，2005—2009 年隐含能源净出口大于 0，2010—2014 年隐含能源净出口小于 0。2005—2014 年中国向美国石油加工及炼焦业隐含能源净出口也呈下降的趋势，从 2005 年的 1079.26TJ 下降到 2007 年的 780.40TJ，2008—2014 年隐含能源净出口持续小于 0，从 2008 年的 −4407.68TJ 下降到 −25295.33TJ，下降 473.89%。此外，2005—2008 年，美国石油最终产品生产引致的中国向美国化学工业、金属品冶炼及制品业、其他制造业和电力与热力供应业净出口变化规律较不明显，2009—2014 年呈上升的趋势，分别上升 1062.55TJ、960.80TJ、231.26TJ、1316.48TJ。而交通运输业隐含能源净出口 2006—2014 年一直呈下降的趋势，从 2006 年的 763.93TJ 下降到 2014 年的 354.35TJ。此外，建筑业 2009 年之前中国向美国隐含能源净出口大于 0，2009 年及之后小于 0，从 2009 年的 −3.06TJ 下降到 −8.12TJ，变化较微小。其他行业相对于以上行业来说变化微小且规律较不明显。综上可知，主要是采掘业和石油加工及炼焦业导致美国石油最终产品生产引致的中国对美国隐含能源净出口小于 0，特别是石油加工及炼焦业。

5.4.3 美国页岩油革命对中国与世界各国隐含能源流动影响效果分析

本节将分析美国石油最终产品生产引致的中国向其他地区（除美国外）的隐含能源进出口情况，图 5-12 显示了 2005—2014 年中国对各个地区（除美国外）隐含能源出口（进口）占中国总能源出口（进口）的比值。[①]从隐含能源出口来看，比值从大到小的前六个地区分别是世界其他地区（45.32%）、欧盟 28 国（17.72%）、墨西哥（17.21%）、加拿大（14.18%）、巴西（4.26%）、日本（1.31%），主要集中在世界其他地区（45.32%）、北美洲（31.39%）和欧洲（17.72%）。从隐含能源进口来看，比值从大到小的前六个地区分别是世界其他地区（52.19%）、加拿大（27.95%）、欧盟 28 国（7.00%）、墨西哥（6.19%）、俄罗斯（5.45%）、日本（1.23%），主要集中在世界其他地区（52.19%）、北美洲（34.14%）和欧洲（12.25%）。

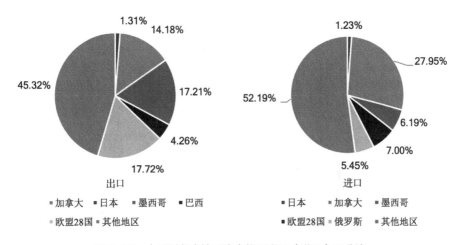

图 5-12 中国对各个地区隐含能源出口（进口）百分比

①本书将其他地区划分为 15 个区域，其中包括中国、日本、韩国、印度、印度尼西亚、土耳其、加拿大、墨西哥、巴西、欧盟 28 国、俄罗斯、瑞士、挪威、澳大利亚和世界其他地区。

2005—2014 年，美国石油供给变化导致中国的隐含能源出口更加分散在加拿大、墨西哥、巴西和世界其他地区，且对加拿大、巴西和世界其他地区隐含能源出口依赖性增大。图 5-13 显示了美国石油最终产品生产引致的中国对各个地区隐含能源出口占生产侧能源消耗变化情况。可知，2005—2014 年，中国对印度、加拿大、墨西哥、巴西、世界其他地区隐含能源出口比例呈上升的趋势，印度从 0.01% 上升到 0.24%，加拿大从 2.19% 上升到 7.10%，而墨西哥（从 3.34% 上升到 7.51%）、巴西（从 0.39% 上升到 1.98%）和世界其他地区（从 5.54% 上升到 15.97%）主要在 2005—2011 年上升，2011—2014 年有所下降。欧盟 28 国 2005—2011 年变化规律不明显，2011—2014 年呈下降的趋势，从 7.17% 下降到 4.20%。中国对日本、韩国等地区的隐含能源出口比例变化规律不明显。结合中国向美国的隐含能源出口比重下降可知，中国的隐含能源出口集中度下降，更加分散在加拿大、墨西哥、巴西和世界其他地区，有助于中国的能源安全。此外，由图 5-14 可知，2005—2014 年中国对加拿大、巴西隐含能源出口呈上升的趋势，中国对加拿大隐含能源出口增加 1157.77TJ（512.05%），巴西增加 298.58TJ（750.11%）。可见，中国对这些国家和地区的隐含能源出口依赖性增大。2005—2008 年，中国对日本隐含能

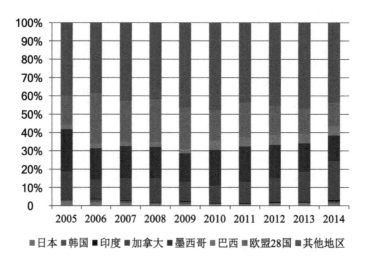

图 5-13　中国对各个地区隐含能源出口百分比

源出口变化规律不明显，2009—2014 年从 21.44TJ 逐渐上升到 91.24TJ。2005—2011 年，中国对墨西哥、欧盟 28 国隐含能源出口变化规律不明显，2012—2014 年逐渐下降，分别下降 87.34TJ、73.66TJ，在页岩油革命繁荣时期中国对墨西哥、欧盟 28 国隐含能源出口依赖性减弱。

2005—2014 年，美国石油供给变化导致中国从韩国、日本、印度、加拿大、墨西哥、巴西、欧盟 28 国、俄罗斯、世界其他地区的隐含能源进口依赖性增大。图 5-15 显示了中国对各个地区隐含能源进口占消费侧能源消耗变化情况。可知，2005—2014 年，中国对印度、加拿大、墨西哥和俄罗斯隐含能源进口比例呈上升的趋势，其中中国对印度（从 0.09% 上升到 0.12%）、加拿大（从 1.44% 上升到 2.57%）隐含能源进口比例主要在 2010—2014 年上升，2005—2009 年变化较不规律；墨西哥主要在 2005—2012 年上升，从 0.29% 上升到 0.52%，而在美国页岩油繁荣时期即 2012—2014 年从 0.52% 下降到 0.40%；俄罗斯主要在 2005—2011 年上升，从 0.32% 上升到 0.53%，在美国页岩油繁荣时期即 2012—2014 年从 0.42% 下降到 0.33%。此外，中国对日本等其余地区的隐含能源进口变化规律较不明显。此外，由图 5-16 可知，2005—2013 年，中国从韩国、日本、印度、加拿大、墨西哥、巴西、欧盟 28 国、俄罗斯、世界其他地

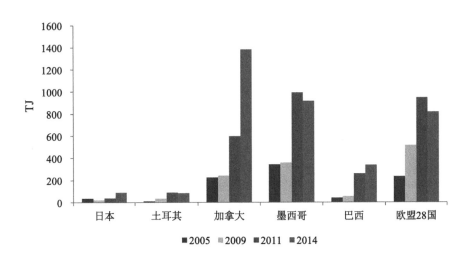

图 5-14　中国对主要经济体隐含能源出口

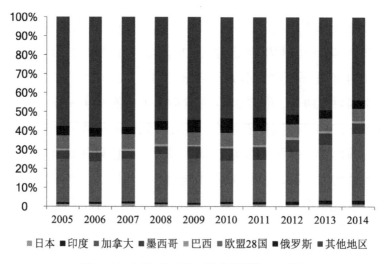

图 5-15 中国对各个地区隐含能源进口百分比

区隐含能源进口呈上升的趋势，分别上升 46.30TJ（4020.66%）、38.71TJ（3127.78%）、59.98TJ（5772.09%）、868.52TJ（3427.40%）、187.62TJ（3808.06%）、31.50TJ（2835.20%）、195.45TJ（2500.25%）、131.40TJ（2408.99%）、1338.55TJ（2212.79%），特别是加拿大和世界其他地区上升幅度较大，中国对这些国家的隐含能源进口依赖性变大。此外，中国从韩国、印度尼西亚和土耳其等其余地区的隐含能源进口也逐渐增加，但与以上地区相比变化微小。

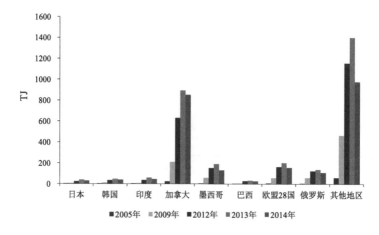

图 5-16 中国对主要经济体隐含能源进口

5.5 本章小结

本书采用了多区域投入产出模型从隐含能源角度探究美国页岩油革命对中国能源安全的影响效果，主要实证研究结论如下：

（1）美国石油供给变化导致中国生产侧能源和消费侧能源依赖程度变高。美国石油供给变化对中国消费侧能源消耗影响更大，目前美国石油最终产品生产引致的中国消费侧能源消耗已经高于生产侧能源消耗。此外，美国石油生产变化对中国隐含能源进口的影响大于对隐含能源出口的影响，目前美国石油最终产品生产引致的中国隐含能源进口已经超过隐含能源出口，主要是石油加工及炼焦业隐含能源净进口大于0导致的。美国石油出口变化导致中国该行业更多依赖别国的产品，更依赖国际隐含能源贸易网络来满足最终需求，中国能源安全面临的隐含能源挑战开始凸显。此外，美国石油供给变化对中国与各国的隐含能源贸易影响大，而对满足国内经济活动需求的隐含能源影响非常小。

（2）从行业层面来看，美国石油最终产品生产引致的中国生产侧能源消耗主要集中在石油加工及炼焦业、电力与热力供应业、金属品冶炼及制品业、化学工业、交通运输业、采掘业和其他制造业，占比超过95%。在页岩油革命繁荣时期，美国石油供给变化导致中国石油加工及炼焦业、化学工业、金属品冶炼及制品业和电力与热力供应业生产侧能源消耗增大，能源依赖性增大。消费侧能源消耗主要集中在石油加工及炼焦业、采掘业和电力与热力供应业，占比超过97%，且消费侧能源消耗均呈上升趋势，能源依赖性逐渐增大。与生产侧能源消耗相比，消费侧能源消耗在各个行业中分布更集中，随着石油加工及炼焦业比例下降，消费侧能源消耗的行业集中度有所下降。

（3）美国石油供给变化导致中国与美国隐含能源贸易越来越密切，

美国石油最终产品生产引致的中国对美国隐含能源进口超过了隐含能源出口，中国更多地依赖美国的隐含能源进口。值得一提的是，美国并非中国石油的主要进、出口国家，但美国石油供给变化通过全球复杂的贸易网络影响着中美直接与间接产品与服务的贸易，与直接能源贸易相比，对中美隐含能源贸易影响更大，这是对中国能源安全一种隐性的挑战。此外，美国石油供给变化导致中国向美国的隐含能源出口占比下降，隐含能源出口更加分散在加拿大、墨西哥、巴西和世界其他地区，隐含能源出口更加多元化，有利于中国的能源安全。而中国向美国隐含能源进口占总隐含能源进口的比值稳定在 92% 左右，集中度高，能源安全风险较大。此外，美国石油供给变化导致中国对加拿大、巴西和世界其他地区能源出口依赖性增大，对韩国、日本、印度、加拿大、墨西哥、巴西、欧盟 28 国、俄罗斯、世界其他地区隐含能源进口依赖性增大。

（4）美国石油供给变化导致中国对美国石油加工及炼焦业、采掘业和电力与热力供应业的隐含能源进口依赖性增强，在页岩油革命繁荣时期对美国石油加工及炼焦业、电力与热力供应业、金属品冶炼及制品业和化学工业隐含能源出口依赖性增强。美国石油最终产品生产引致的中国对美国石油加工及炼焦业的隐含能源依赖程度最高，该行业面临的能源安全风险大。此外，中国从美国隐含能源进口对于石油加工及炼焦业的集中度有所下降。

碳中和目标下可再生能源发展对中国能源安全的影响

在全球碳中和目标牵引下，由化石能源向可再生能源的能源转型对能源安全产生系统性、长远性影响。根据前文的分析，可再生能源大规模部署引起的能源安全格局改变主要包括两方面：一是由于可再生能源资源的遍在性和分布上的离散性，会从整体上减少传统化石能源格局下所面临的能源安全风险，尤其是能源供给、能源贸易、能源运输通道面临的风险大幅降低、能源系统韧性增强，而与可再生能源生产相关的锂、镍、钴、锰和石墨等关键矿产资源在能源安全中的重要性上升；二是在可再生能源大规模部署的情形下，能源安全的内涵得到进一步拓展，除了能源供应安全因素外，能源消费安全及能源环境安全的重要性也上升并成为能源安全内涵的重要组成部分，这也与中国"四个革命、一个合作"能源安全新战略所包括的内容一致。本章主要立足国家能源安全新战略，重点关注国际可再生能源生产和消费对内涵更为丰富的能源安全的综合影响。而关于可再生能源引致的关键矿产资源价值提升所产生的能源安全影响效应，将是下一步关注的重点内容，在本研究中暂不展开。与第4章和第5章相比，本章更多呈现了能源转型中围绕可再生能源部署产生的能源安全影响，与前两章的研究内容构成整体研究的"一体两面"。

尽管目前化石燃料仍承担着满足世界大部分能源需求的重要角色，但可再生能源已成为世界上增长最快的能源形式（EIA，2021）。据BP（2011）估计，石油、天然气和煤炭预计将分别在2052年、2060年和2090年消耗殆尽。如果世界各国希望保持可持续增长，就需要找到化石燃料的替代品。加之各国的大部分能源需求都来自化石燃料，这会增加碳排放，加剧全球变暖（Hanif，2018）。由此导致了世界化石能源存量、能源消费及可持续发展的不可调和矛盾，而可再生能源便是这一矛盾的理想解决方案之一。

根据BP的研究，2021年化石燃料占世界一次能源消耗的82%，全球能源消耗主要来自石油（33%）、煤炭（27%）、天然气（24%）、水电（6%）、可再生能源（5%）和核能（4%）（BP，2021）。尽管目前全球可再生能源占比较小，但随着越来越多的国家陆续制定碳中和目标，能源碳排放压力将刺激可再生能源的增长速度连年创新高。国际可再生能源署（IRENA）发布的报告显示，在向《联合国气候变化框架公约》提交国家自主贡献文件（NDC）的国家和地区中，有170个（约占90%）明确提到了可再生能源，且有134个（约占71%）提出了量化的可再生能源发展目标（IRENA，2020）。据该报告预测，若各国NDC中所列明的可再生能源目标均能实现，那么到2030年可再生能源装机量将再增加1041GW，即从2019年的2523GW增长到3564GW，涨幅接近42%。到2050年，全球可再生电源的发电总量比重将从目前的26%提升至85%。同时，化石燃料用量大幅减少，其在能源供应总量中的占比将从2020年的80%下降到23%（IEA，2021）。

对中国而言，国际化石能源占比下降及可再生能源增长对中国能源安全是否产生影响以及产生何种影响，与中国能源供给结构、消费总量及环境现状等因素高度相关。具体而言，首先，中国一次能源消费占世界比重连年上涨。2020年中国大陆一次能源消费占世界能源消费26.1%，位居世界第一，巨大的能源消费量使得中国经济稳定对国际能源价格及保有量的变动高度敏感。同时，由于前十二大石油公司控制着全球约80%的石油储备，在过去十年中，石油、煤炭、铀和天然气的价格差异不断扩大，这些价格波动将导致中国能源供给风险上升。其次，中国能源对外依存度连年上升，国内生产经营活动高度依赖国际化石能源稳定供应，带来了供应安全隐患。且化石能源的国家分布并不均匀，能源进口结构的单一性也增加了中国经济发展的脆弱性。最后，随着化石燃料造成的温室气体排放达到危及中国"碳达峰"及"碳中和"既定目标的程度，中国已开始转向减少温室气体排放的环境友好型可再生能源，而不是继续长期大量使用从化石燃料中获得的传统能源产品。上述所有问题都是威胁国家能源安全的重要因素。从更广泛的角度和更长的时间尺度来看，国际可再生能源发展对中国能源安全将产生怎样的影响？可再生能源是否有望为上述威胁中国能源安全的问题提供较为完整的解决方案以确保过去的能源危机不会重演？这些问题的提出为本研究提供了关键动机。

现有国内外研究在可再生能源与中国能源安全方面还存在以下不足：首先，现有研究在能源安全相关研究中设计的范围和维度较为局限。既往研究中经常提及可再生能源对经济增长、环境和进口依赖的影响，也有少量学者研究了可再生能源冲击对全球能源安全的影响，但鲜有研究全面考察国际可再生能源冲击对中国能源安全的影响。其次，已有学者使用指数法测度中国能源安全，但所涉及的指标数量较少。尤其是考虑到近年来中国的碳中和目标制定带来的约束条件，大部分研究已缺乏时效性，相关研究指标需要拓展。

基于此，本章分析了国际可再生能源冲击对中国能源安全风险的影响。具体而言，本书构建了中国能源安全指标体系，并使用向量自回归脉冲分析法结合主成分分析法实证检验了 1995—2019 年间国际可再生能源供给与需求冲击对中国能源供应、消费及环境三个维度能源安全的影响。本书的潜在研究贡献主要有三方面。首先，本书实证检验并预测了可再生能源冲击对中国能源安全风险的影响及其持续时间。其次，本书构建了符合中国能源经济现状及考虑碳中和目标约束的能源安全指标体系，并采用了主成分分析方法对选定的指标进行降维处理，测算了中国总体能源安全指数。最后，本书从国际可再生能源生产和消费的视角全面考察了中国能源安全各维度指标受到的影响。

6.1 碳中和目标约束下中国能源安全指标体系构建

在能源安全研究范围方面，已有学者从不同维度对一些国家的能源安全进行了研究。在供应安全方面，Brodny 和 Tutak（2021）使用近 10 年的数据对维谢格拉德集团（Visegrád Group）国家的可持续能源安全进行了比较评估，基于 TOPSIS 法和熵权法进行分析的结果表明，维谢格拉德集团国家在能源安全的各个领域都存在较大差异，但化石能源供给是影响能源安全最主要的因素。在消费安全方面，大多数学者对能源安全的看法可以归纳为石油是一国独立和稳定的保障（Mouraviev，2021），认为石油消费的稳定性是影响能源安全的重要因素。Le 和 Nguyen（2019）的一项研究探讨了电动汽车普及对能源安全的影响，从清洁能源消费需求的角度研究了能源安全的影响因素。此外，Axon 等人回顾了能源安全的风险和可持续性关系（Axon 和 Darton，2021）。他们发现，保障能源安全面临的主要问题是风险处置不当、能源安全的不确定性、缺乏严格有效的防范方法以及能源安全指标框架开发中的不一致性。类似的，也有部分中国学者从理论角度对能源安全相关问题进行了研究，这些研究在范围上涉及能源安全的供应、消费及环境方面（吴巧生等，2002；张文木，2003；杨泽伟，2008；陈凯等，2013；史丹，2015）。

可以看出，目前国内外学者对能源安全研究的维度大多集中于某一或某几方面，缺乏不同视角下全面的考察。这也导致当前可再生能源和能源安全关系方面的研究视角和范围十分局限。奥古提斯（Augutis et al.，2014）通过检验可再生能源对立陶宛能源安全的影响，发现可再生能源的发展对其能源安全产生了积极影响，可一旦可再生能源超过 60% ~ 70%，这种影响就会变为负面的。多尔南（Dornan，2009）分析了可再生能源对斐济能源安全的影响，阿尔瓦雷斯 - 席尔瓦等人（Alvarez-Silva et al.，2016）分析了电力供应安全与巴西可再生能源之间的关系。后一项研究发现，除了水力发电，巴西还应该更加重视可再生能源，以确保能源安全（Rahman et al.，2012）。艾特等人（Aized et al.，2018）认为，必须使用可再生能源来确保孟加拉国的可持续能源安全。在哈什（Hache，2018）的研究中，他们发现在巴基斯坦使用可再生能源发电在成本和环境方面都取得了最佳效果。所里希斯 - 拉赫威斯（Hinrichs-Rahlwes，2013）研究发现，可再生能源将改善以色列和约旦的空气质量、公共健康、新的就业机会和能源安全。约翰逊（Johansson，2013）的研究表明可再生能源对确保德国可持续能源安全至关重要。聂和杨（Nie 和 Yang，2016）开发使用理论模型来分析可再生能源对能源安全的影响，发现可再生能源将通过减少传统能源消耗和碳排放来提高能源安全。瓦伦丁（Valentine，2011）将不同的可再生能源与化石能源进行比较，发现可再生能源减少了中国空气污染和碳排放，提供了新的就业机会，提高了能源安全。弗朗西斯等（Francés et al.，2013）首次从生产地的角度研究了国内外可再生能源供给对能源安全影响的差异性。结果表明，可再生能源供给将提升能源安全水平，无论其是否在本国生产。

在测度方法方面，现有文献提出了各种方法来衡量能源安全，目前有两种方法主导了能源安全的研究，即指标方法和建模方法。在指标方法方面，基塞尔等（Kisel et al.，2016）的研究提出了一个新的框架，该框架针对电力和经济依赖性的政治影响、技术脆弱性和弹性、运输和供应部门的相关能源安全指标进行了结构化处理。具体而言，这些维度可分为事前指标和事后指标。事前指标用于说明潜在问题，事后指标是基于价格发展的指标。有学者针对东盟国家能源安全提出了"4A"分析框架，该分析框架用于定量评估不同类别的能源安全状态（Tongsopit et al.，2016）。然而，现有的能源安全指数方法往往受到不同假设的限制，这些限制也被广泛讨论（Wang et al.，2020）。在建模方法方面，北村和马纳吉（Kitamura 和 Managi，2017）通过使用熵模型来模拟短期有限的能源资源分配，并在日本能源供应中断的情况假设下进行分析，提出了新的能源安全量化观点。总之，由于能源安全是一个复杂的问题，需要采取有效的方法来应对问题的复杂性，如能源安全分析的类型（Ediger 和 Berk，2011；Pereira 和 Esteban，2014）、能源安全的定义（Yao et al.，2018；Yao 和 Chang，2014）、测度能源安全的方法（Ang et al.，2015；Song et al.，2019）、能源安全指标的选择（Sovacool et al.，2015）。学者们一直面临的一个挑战是缺乏统一的能源安全量化方法。在众多可用方法中，能源安全指数已被证明是评估能源安全的普遍测度工具，它能够将多种与能源安全相关的数据转换为子指数值，并根据权重合并为一个综合指数。

国内学者也对中国能源安全测度进行了实证研究。迟春洁（2006）运用 BP 神经网络方法构建了能源安全预警模型，并分析了未来中国能源形势。王礼茂等（2008）从政治、经济、资源、交通、军事五方面选取 16 个相关指标采用层次分析法建立了中国石油安全指标体系。王林秀等（2009）利用 CGE 模型对 1962—2005 年中国的能源消费安全进行了测度，发现中国能源消费安全在 40 多年内呈不断下降的趋势。吴初国等（2011）根据确定了能源生产供应能力、国内资源保障能力、国家应急调控能力、国际市场获取能力和环境安全管控能力等 5 个维度，运用 10 个相关指标进行了能源安全评估。刘立涛等（2012）运用因子分析、情景分析和 ArcGIS 空间分析法，分析 1990—2008 年中国能源安全的时空演变特征。胡剑波等（2016）运用 PSR 模型，对 2001—2012 年中国能源安全进行研究，发现中国能源总体安全水平呈上升趋势。范爱军等（2018）使用因子分析从供给、消费和环境三方面考察了中国能源安全的最新动态，并测算了能源安全指数。

考虑到中国已提出实现"碳中和"的既定目标，中国能源安全将在环境维度被赋予新的内涵。"碳中和"目标涉及中国清洁能源使用、工业发展比重、碳排放等方面，在指标设计上也应在这些方面进行拓展。本书首先参照切尔吉博赞（Cergibozan，2022）及范爱军和万佳佳（2018）对能源安全指标体系设计的研究，结合近年来中国减排及可持续发展的现实背景，设计如表 6-1 所示的碳中和目标约束下的中国能源安全指标体系。具体而言，本书将中国能源安全分为 3 个二级指标（能源供应安全、能源消费安全及能源环境安全）及 19 个三级指标，内容涵盖中国能源生产、能源贸易、原油价格、碳排放及低碳发展等方面，并按照各指标对能源安全指数的贡献分为正向指标及逆向指标，其中二级指标均为正向指标。

表 6-1 碳中和目标约束下中国能源安全指标体系

一级指标	二级指标	三级指标	单位	属性
中国能源安全指数	能源供应安全	能源产量占比	%	正向
		原油对外依存度	%	逆向
		能源自给率	%	正向
		进口能源强度	吨标煤 / 万元	逆向
		能源生产弹性	%	逆向
		能源贸易占比	%	正向
		能源贸易总量	万美元	正向
	能源消费安全	人均能源消费	吨标煤 / 人	逆向
		原油价格波动	—	逆向
		能源消费弹性	%	逆向
		能源强度	吨标煤 / 万元	逆向
		能源消费波动	—	逆向
		外汇储备	亿美元	正向
		原油消费强度	%	逆向
	能源环境安全	清洁能源占比	%	正向
		绿色发展贡献强度	吨标煤 / 万元	正向
		CO_2 排放量	万吨	逆向
		工业产值占比	%	逆向
		CO_2 强度	吨标煤 / 万元	逆向

6.2 可再生能源冲击对中国能源安全的影响机制

可再生能源冲击可以在多方面影响能源安全（Cergibozan，2021；Pan et al.，2019；Johansson，2013）。本部分首先从五方面回顾了既往可再生能源对能源安全不同维度的影响研究，即供应安全、消费需求安全、环境安全、技术安全、经济和政治安全。其次，对国内外能源安全研究范围及测度方法进行综述。

目前国际学术界已有相关研究讨论可再生能源对能源安全影响的路径机制。第一，可再生能源可能影响能源安全的第一个渠道是能源供应安全。虽然化石燃料最终会被消耗殆尽，但可再生能源从本质上来说不会存在这样的问题。因此，就长期可持续性而言，可再生能源被视为化石资源的重要替代品（Moriarty 和 Honnery，2016）。同时，可再生能源也是能源价格稳定的重要驱动因素（Jaber et al.，2015）。能源多样化是确保能源供应安全的重要因素，可再生能源通过增加能源多样性，可在一定程度上帮助促进能源供应安全（Aslani et al.，2012；Li，2005）。另外，保障能源供应的条件之一是减少能源依赖，相关研究表明可再生能源冲击显著减少了一国能源依赖和进口（Vaona，2016；Lehr et al.，2012）。第二，可再生能源影响能源安全的另一个渠道是能源消费需求。由于国家的预算收入在很大程度上取决于能源出口（Johansson，2013），能源出口国的能源需求安全与能源供应安全同样重要。继《京都议定书》之后，各签署国一直在寻求通过实施各种政策来减少碳排放，其中可再生能源便是理想解决方案之一。与化石燃料相比，可再生能源的广泛采用预计将大大减少欧佩克（OPEC）国家的出口，对这部分国家的能源需求安全形成挑战（Barnett，2004；Dike，2013）。第三，可再生能源通过环境效应影响能源安全。比尔吉利等（Bilgili et al.，2016）研究发现，可再生能源减少了碳排放。他们建议提高可再生能源的总份额以减少碳排放，因为基于增长的化石燃料消耗会增加二氧化碳排放。沙菲伊和萨利姆（Shafiei 和 Salim，2014）同样发现了可再生能源消耗对碳排放的抑制作用，以及非可再生能源增加碳排放的规律。第四，可再生能源可能影响能源安全的第四个渠道是技术风险。技术风险包括化石燃料系统或石油开采过程中发生的各类技术事故。类似的，可再生能源开发也会发生事故，尤其是在水力发电方面（Johansson，2013）。伯格赫尔（Burgherr et al.，2013）回顾了文献中比较基于不同能源系统的事故的研究，发现可再生能源技术风险低于其他能源技术，造成的人员死亡率较低（Bezdek，2014）。因此，与煤炭和石油相比，风能、太阳能和水力发电等可再生能源造成的经济社会损失更少。也有学者对此持不同意见（Sovacool et al.，2015），认为天然气、石油和煤炭等不可再生能源实际上比可再生能源造成的事故更少。第五，可再生能源带来的各种经济和政治风险因素的变化将影响能源安全。由于大部分国家都有太阳能、风能、海洋和地热资源可供使用，所以人们普遍认为可再生能源不仅会比化石燃料更公平地在各国之间分配，还将减少甚至结束国与国之间的冲突（Kothari et al.，2010）。

本书总结国际可再生能源冲击影响中国能源安全路径机制如图 6-1 所示。受各国制定"碳中和"目标的约束，国际可再生能源需求与供给增加，其产生的冲击将通过影响国内能源价格波动进而依次影响能源消费安全、能源供给安全及能源环境安全，最终波及总体能源安全。具体而言，第一，国际可再生能源冲击始于各国在应对气候变化及实现"碳中和"目标下对可再生能源的开发引致的国际可再生能源供需变化。第二，国际可再生能源供给和需求交互影响，并同时引发国内可再生能源消费需求增加，导致能源价格波动，进而依次导致能源消费波动、能源消费弹性、能源消费强度变化。此外，因化石能源贸易份额变化，以美元为结算货币的石油进口下降，将导致中国外汇储备收缩。第三，国内可再生能源消费需求及结构的变化，会挤压化石能源生产和市场份额，导致化石能源生

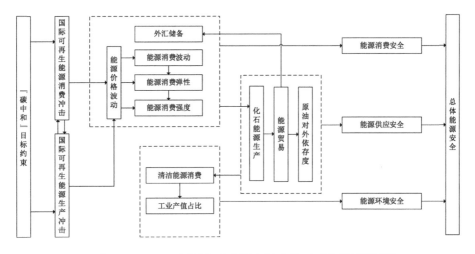

图 6-1　国际可再生能源冲击影响中国能源安全的路径机制图

产下降。进而能源贸易结构发生转变，化石能源进口比重下降，原油依存度降低。第四，因能源供应格局的改变，可再生能源消费相较化石能源将显著降低碳排放，最终可导致传统高耗能工业产业转型升级，工业产值占比下降，能源环境安全水平上升。

6.3 数据及方法

6.3.1 数据来源及变量定义

本书参照 Cergibozan（2022）和 Hu et al.（2023）的做法，选取全球可再生能源生产占比及可再生能源消费占比定义国际可再生能源冲击，并依次使用表 6-2 中的变量作为结果变量。接下来，为了概括可再生能源冲击对中国能源安全的宏观影响，本书使用主成分分析法对已构建的指标体系进行降维处理得到能源消费安全、能源供应安全和能源环境安全三个维度的指标及能源总体安全指标。对于各三级指标，为了在回归分析中得到更稳健的估计系数，本书对部分非百分数变量进行对数化处理，各指标具体计算方法见表 6-2。

本书使用的变量数据均来自 WDI 数据库、BP 能源报告、中国国家统计局、《中国能源统计年鉴》《中国工业统计年鉴》、中国人民银行数据及 Wind 数据库。综合考虑各指标数据的可获得性，本书所有变量时间区间设置为 1995—2019 年。

表 6-2　变量定义

变量名称	计算方法（数据来源）
全球可再生能源生产占比（X_1）	清洁能源电力供给（WDI）
全球可再生能源消费占比（X_2）	WDI
能源产量占比（A）	中国能源产量 / 世界能源产量
原油对外依存度（B）	进口原油总量 / 原油消费量
能源自给率（C）	能源生产总量 / 能源消费总量

变量名称	计算方法（数据来源）
进口能源强度（D）	log（进口能源总量/GDP）
能源生产弹性（E）	国家统计局
能源贸易占比（F）	能源出口总量/能源生产总量
能源贸易总量（G）	log（能源出口总量 + 能源进口总量）
人均能源消费（H）	log（能源消费总量/总人口）
原油价格波动（I）	国内原油价格3年期滚动标准误
能源消费弹性（J）	国家统计局
能源强度（K）	log（能源消费总量/GDP）
能源消费波动（L）	能源消费总量3年期滚动标准误
外汇储备（M）	中国人民银行
原油消费强度（N）	log（原油消费总量/GDP）
清洁能源占比（O）	水电、光伏、风电等消费占能源消费总量的比重
绿色发展贡献强度（P）	log（清洁能源占比 × 能源消费总量/GDP）
CO_2 排放量（Q）	BP统计数据
工业产值占比（R）	log（第二产业产值/GDP）
CO_2 强度（S）	log（CO_2 排放量/GDP）

6.3.2 描述性统计

本书首先对国际可再生能源需求与供给的历史趋势进行回顾。如图 6-2 所示，国际可再生能源供给（清洁能源电力供给）量从 2000 年的 300 万 GWh 上升到 2019 年的 700 万 GWh，在 19 年间涨幅超 100%。而对于可再生能源消费（清洁能源消费）量而言，其同样存在持续上涨的趋势，从 2000 年的 75 万 GW 上涨到 2019 年的 250 万 GW，涨幅超过

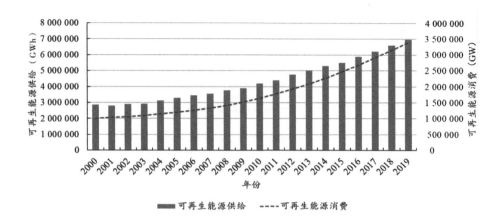

图 6-2　可再生能源消费与供给变化趋势

数据来源：国际可再生能源署（IRENA）。

100%，并高于国际可再生能源供给。由此可见，近 20 年来国际可再生能源生产和消费都经历了快速的上升阶段，且消费量上涨幅度大于供给量。表明近年来全球对可再生能源的需求高涨。

表 6-3 展示了处理后的可再生能源生产及消费指标和各三级细分指标的描述性统计。

表 6-3　变量描述性统计

变量名称	样本数	均值	标准误	P25	P75
全球可再生能源生产占比	25	3.47	2.39	1.44	5.41
全球可再生能源消费占比	25	2.92	0.02	2.90	2.93
能源产量占比	25	0.12	0.00	0.12	0.13
原油对外依存度	25	3.57	0.81	3.31	4.09
能源自给率	25	0.88	0.06	0.85	0.94
进口能源强度	25	0.12	0.02	0.11	0.13

变量名称	样本数	均值	标准误	P25	P75
能源生产弹性	25	0.62	0.38	0.31	0.84
能源贸易占比	25	− 6.18	1.29	− 7.14	− 5.27
能源贸易总量	25	10.40	0.87	9.64	10.97
人均能源消费	25	1.12	0.29	0.80	1.40
原油价格波动	25	11.21	8.55	4.21	16.85
能源消费弹性	25	0.60	0.41	0.36	0.70
能源强度	25	0.74	0.22	0.53	0.89
能源消费波动	25	9.32	0.94	8.92	9.95
外汇储备	25	11.51	1.43	10.02	12.83
原油消费强度	25	18.72	1.71	17.30	20.10
清洁能源占比	25	10.43	3.92	8.10	11.80
绿色发展贡献强度	25	2.42	0.13	2.34	2.52
CO_2 排放量	25	8.69	0.45	8.17	9.13
工业产值占比	25	0.39	0.03	0.37	0.41
CO_2 强度	25	3.76	0.48	4.16	3.41

在对数化处理后，各指标量纲差距大幅缩小。从结果来看，全球可再生能源生产占比、原油价格波动及清洁能源占比等指标在样本数据区间内波动较大，尤其是原油价格波动，表明可再生能源及原油价格相关指标在过去近 20 年内出现过大幅度的变化。

6.3.3 模型方法

6.3.3.1 主成分分析

主成分分析法（Principal Component Analysis），简称 PCA。其核心过程是通过对原始变量施加线性变换把多个指标降维，并合并为具有代表意义的少数指标，以使原指标成为典型的反映研究对象特征的一种统计计量研究方法。作为一种客观赋权法，PCA 能够综合构成能源安全各个维度的量化结果，所形成的权重结构可以充分反映能源安全各维度基础指标对于形成总指数的贡献大小，从而能够系统地、全面地测算出量化能源安全的指标结果。

本书运用主成分分析法，通过降维将选定的 19 个能源安全各维度细分指标中具有联动性的指标进行再次组合，并生成一组新的指标来代替原有指标，参照顾欣等（2020）的做法，本书主成分分析法的主要测算步骤如下：

第一步：首先设立原始数据矩阵：$A = (a_{ij})_{m \times n}$，该式中 m 代表评估指标数量，而 n 代表样本年份的数量，计算得出协方差矩阵：$R = AA^T$。

第二步：根据第一步的结果，通过以下公式计算协方差矩阵的特征根 λ。在该式中，I 为单位向量，求解得到 p 个特征根 $\lambda_1 ¡ Ý \lambda_2 ¡ Ý \ldots ¡ Ý \lambda_p ¡ Ý 0$。

$$|R - \lambda I_P| = 0 \qquad (6-1)$$

第三步：确定主成分及其数量 h。在一般情形下，各主成分的累计方差贡献率需要高于 80%，同时将主成分的特征根进行归一化处理，得到总方差贡献率。方差贡献率越大则表明各主成分概括初始信息的能力越强。计算方式如下：

$$\frac{\sum_{j=1}^{h} \lambda_i}{\sum_{j=1}^{p} \lambda_i} ¡ Ý 0.8 \qquad (6-2)$$

第四步：确定最终主成分测算模型，式（6-3）中，F_1，F_2，$\cdots$，F_h 代表式（6-2）计算确定的主成分；式（6-4）中 μ_{ij} 的结果通过 SPSS 处理后得到，同时满足式（6-4）所显示的关系。

$$\begin{cases} F_1 = u_{11}w_1 + u_{21}w_2 + \cdots + u_{L1}w_L \\ F_2 = u_{12}w_1 + u_{22}w_2 + \cdots + u_{L2}w_L \\ \vdots \\ F_h = u_{1h}w_1 + u_{2h}w_2 + \cdots + u_{Lh}w_L \end{cases} \qquad （6-3）$$

$$\mu_{ij} = \frac{f_{ij}}{\sqrt{\lambda_j}}, j = 1,2,\cdots,h \qquad （6-4）$$

第五步：构建综合评价函数，$a_1, a_2, \cdots, a_l$ 为各项指标在主成分中的综合重要度。

$$F = \sum_{j=1}^{m} \left(\frac{\lambda_j}{\delta}\right) F_j = a_1w_1 + a_2w_2 + \cdots + a_lw_l (\delta = \lambda_1 + \lambda_2 + \cdots + \lambda_h) \qquad （6-5）$$

第六步：在此基础上算出各指标的权重 w_i，计算出最终的评估得分：

$$Z = \sum_{i=1}^{m} w_i \times \text{comp}_i \qquad （6-6）$$

6.3.3.2 VAR 脉冲分析

本书采用 VAR 模型及脉冲响应函数分析可再生能源局势演变对中国能源安全的影响。通过两两设定冲击变量（国际可再生能源生产及消费指标）及结果变量（中国能源安全各维度及细分指标）观测结果变量受到的影响。在单变量时间序列回归中，由于平稳的时间序列一般存在自相关，因此可以用过去值 y_{t-1} 来预测当前值 y_t，即一阶自回归模型【AR（1）】：

$$y_t = \beta_0 + \beta_1 y_{t-1} + \varepsilon_t \quad (t=2, \cdots, T) \qquad （6-7）$$

而当分析多个时间序列的动态变化时，可以将 AR 模型拓展为 VAR 模型，将关注的多个时间序列变量放在一起，作为一个系统进行预测，以使得预测相互自洽，即向量自回归（Vector Autoregression，VAR）方法。

定义时间序列 $\{y_{1t}, y_{2t}\}$ 作为所用回归方程的被解释变量；而解释变量为这两个变量的 p 阶滞后值，可以构成一个二元的 VAR（p）系统来刻画变量之间相互影响的动态关系：

$$\begin{cases} y_{1t} = \beta_{10} + \beta_{11}y_{1,t-1} + \cdots + \beta_{1p}y_{1,t-p} + \gamma_{11}y_{2,t-1} + \cdots + \gamma_{1p}y_{2,t-p} + \varepsilon_{1t} \\ y_{2t} = \beta_{20} + \beta_{21}y_{1,t-1} + \cdots + \beta_{2p}y_{1,t-p} + \gamma_{21}y_{2,t-1} + \cdots + \gamma_{2p}y_{2,t-p} + \varepsilon_{2t} \end{cases} \quad (6\text{-}8)$$

实际模型如下式：

$$y_{1t} = \beta_{10} + \beta_{11}y_{1,t-1} + \gamma_{11}y_{2,t-1} + \varepsilon_{1t}$$
$$y_{2t} = \beta_{20} + \beta_{21}y_{1,t-1} + \gamma_{21}y_{2,t-1} + \varepsilon_{2t} \quad (6\text{-}9)$$

VAR 模型的滞后阶数确定标准通常采用信息准则，如 AIC 准则或 BIC 准则。AIC 准则由日本统计学家 Akaike 于 1973 年提出，BIC 准则由 Schwartz 于 1978 年提出，适用于样本容量较大的情况。本书综合采用两种准则确定模型滞后阶数为一阶。

在确定 VAR 模型之后，可以对相关变量进行脉冲分析。脉冲响应函数（Impulse Response Function，IRF）是一种条件预测，它描述了 VAR 模型中，随机扰动项的一个标准差冲击对系统中各内生变量的当期值和未来值的影响变化。脉冲响应函数反映了当 VAR 系统中某个变量受到"外生冲击"时，模型中其他变量受到的动态影响，能够较为直观地刻画变量之间的动态交互作用及效应。在本书中，脉冲响应函数可以动态衡量国际可再生能源生产（供给）及需求突变带来的冲击效应向中国能源安全总体及各方面传染的强度和持续时间。类似于 AR 模型有 MA 表达形式，VAR 模型也有"向量移动平均过程"【Vector Moving Average，VMA（∞）】的表达形式：

$$y_t = \alpha + \sum_{i=0}^{\infty} \varphi_i \varepsilon_{t-i} \quad (6\text{-}10)$$

VMA 表达形式有助于理解 VAR 系统中变量受到冲击后随时间变化的路径。其中，系数矩阵 φ_i 为 n 维方阵，表示来自 ε_{t-i} 的冲击对序列 y_t 的影响，φ_i 表示 ε_{t-i} 对 y_t 的边际效应。本书采用"正交化的脉冲响应函数"（Orthogonalized Impulse Response Function，OIRF），即从扰动项 ε_t 中分离出正交的部分 v_t，新扰动项的各分量不相关，且方差均被标准化为 1，便于观察某分量变动时，对各变量在不同时期的影响。

本书通过以下三个步骤建立 VAR 模型并采用 VAR 模型框架下的脉

冲响应函数对可再生能源冲击与中国能源安全的动态影响关系进行分析：ADF 单位根检验、确定 VAR 模型滞后阶数、在 VAR 模型框架下进行脉冲响应分析。具体而言，本书的研究思路及分析顺序如下：

（1）ADF 单位根检验。ADF 在分析时间序列数据的相关关系时，由于时间序列数据往往存在不平稳的情况，因此在建立 VAR 模型前，为了避免出现伪回归现象，必须对变量进行平稳性检验。本书采用 Stata 16.0 软件，采用 ADF（Augmented Dicker-Fuller）检验，先对原序列（包含各可再生能源冲击测度及能源安全总体及细分指数）进行单位根检验，若不平稳，将对所有序列进行一阶差分后继续检验，依此类推，直到同阶单整为止。

（2）VAR 模型滞后阶数选择。VAR 模型的滞后阶数可以参考 LR 统计量、FPE 信息量、AIC 信息量等方法确定，本书选择使 AIC 信息的值最小的情况确定滞后阶数。

（3）脉冲响应分析。在确定 VAR 模型的滞后阶数后，本书以国际可再生能源生产及消费作为冲击变量，以所有相关能源安全细分变量及各维度和总体能源安全指数为响应变量，使用正交脉冲响应函数进行脉冲响应分析，预测两个可再生能源冲击变量对中国能源安全各指标的影响程度及持续时间。

6.4 能源安全维度指数测算

本书使用 SPSS25.0 软件对能源安全指标体系中的 19 个细分指标进行标准化处理，并对标准化后的数据进行主成分分析，得到如表 6-4 所示的主成分贡献表。可以看出，选取的 19 个指标在降维处理后得到三个线性无关的主成分，根据提取载荷平方的结果，三个主成分已可以解释原指标体系中 90% 的信息。

表 6-4　总方差解释

成分	初始特征值			提取载荷平方和		
	总计	方差百分比	累积 %	总计	方差百分比	累积 %
1	12.736	63.678	63.678	8.155	40.777	40.777
2	3.567	17.837	81.515	6.464	32.319	73.096
3	1.820	9.100	90.615	3.504	17.520	90.615

接下来，表 6-5 展示了成分得分系数计算结果，本书使用得分系数按照乘以标准化后的细分指标值，并在能源供应、消费及环境安全三个维度进行汇总得到三个维度的时间序列指数，类似的，对三个维度指数汇总便可得到总体能源安全指数。

表 6-5　成分得分系数矩阵

指标	成分		
	1	2	3
能源产量占比	0.008	− 0.109	− 0.008
能源自给率	− 0.078	0.021	0.048
能源贸易总量	0.068	− 0.039	− 0.027
能源贸易占比	− 0.023	0.087	0.005
外汇储备	− 0.012	− 0.131	− 0.005
清洁能源占比	0.202	0.129	− 0.007
绿色发展贡献强度	0.077	0.186	− 0.104
原油对外依存度	− 0.067	0.037	0.053
能源消费弹性	− 0.016	− 0.044	0.275
能源生产弹性	− 0.054	− 0.078	0.265
进口能源强度	− 0.020	− 0.024	0.241
人均能源消费	− 0.019	0.097	0.004
原油价格波动	0.104	0.194	0.004
能源强度	0.093	− 0.011	0.015
能源消费波动	0.041	0.065	0.256
原油消费强度	− 0.218	− 0.321	0.050
单位产值排放	0.125	0.028	0.019
CO_2 排放量	0.004	0.122	0.015
工业产值占比	0.250	0.201	0.028
CO_2 强度	0.242	0.186	0.006

6.5 结果分析

在进行进一步分析之前，需要对各序列进行平稳性检验，确保纳入 VAR 模型中的序列均为平稳序列。本书使用 Dickey–Fuller 方法进行单位根检验，若某序列为不平稳序列，则对该序列进行一阶差分后，再重复进行单位根检验，直到变为平稳序列为止，表 6–6 展示了所有变量的 ADF 单位根检验结果。

表 6-6　ADF 单位根检验

变量名称	平稳性
全球可再生能源生产占比	二阶单整
全球可再生能源消费占比	一阶单整
能源产量占比	二阶单整
原油对外依存度	零阶单整
能源自给率	一阶单整
进口能源强度	零阶单整
能源生产弹性	一阶单整
能源贸易占比	一阶单整
能源贸易总量	一阶单整
人均能源消费	二阶单整
原油价格波动	零阶单整
能源消费弹性	一阶单整
能源强度	一阶单整

变量名称	平稳性
能源消费波动	一阶单整
外汇储备	零阶单整
原油消费强度	一阶单整
清洁能源占比	一阶单整
绿色发展贡献强度	一阶单整
CO_2 排放量	二阶单整
工业产值占比	一阶单整
CO_2 强度	一阶单整
能源供应安全指数	一阶单整
能源消费安全指数	一阶单整
能源环境安全指数	一阶单整
总体安全指数	一阶单整

6.5.1 能源消费安全脉冲响应分析

本书参照 Cergibozan（2022）的做法，选取国际可再生能源电力供给份额与可再生能源需求总量的对数分别作为可再生能源供给与需求的冲击变量，并将响应时间设置为30年，观测冲击变量变动一个标准误（1%），能源安全各相关指标变化程度及持续时间。本书首先对能源供应安全、能源消费安全及能源环境安全三个维度各细分指标进行分析。本书首先检验了国际可再生能源冲击对能源消费安全细分指标的影响（图6-3）。

当受到国际可再生能源生产增加1%的冲击时，首先，人均能源消费、能源消费弹性、能源消费波动、原油消费强度及原油价格波动受到显著的负向影响，其中，原油价格波动降低的幅度超过了100%；其次，对能源强度及外汇储备有轻微的正向影响，随后波动减弱，其中，外汇储备受到的影响虽小，但存有长时间持续的趋势。由此可见，国际可再生能源生产的增加降低了中国整体能源消费，同时也降低了能源消费及能源市场波动，降低了能源市场风险。

当受到国际可再生能源需求增加 1% 的冲击时，首先，人均能源消费、能源消费弹性、能源消费波动、原油消费强度及原油价格波动受到显著的正向影响，其中，原油消费强度及原油价格波动受到的影响最大，对原油消费强度的正向影响接近 50%，对原油价格波动的正向影响超过 200%，表明国际可再生能源需求冲击增加了中国能源消费及原油市场风险。其次，外汇储备受到显著的负向冲击，且冲击持续时间直至第 30 年末也未恢复，表明国际可再生能源需求冲击引起的能源贸易结构调整显著降低了能源进口。整体能源强度没有受到显著影响，表明国际可再生能源需求冲击对中国原油消费的影响更大，却没有造成整体能源强度发生显著变化。

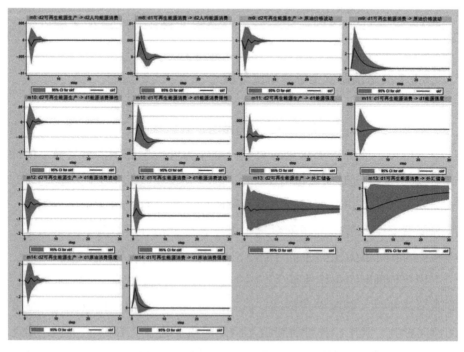

图 6-3　能源消费安全细分指标脉冲响应图

具体而言，本书将脉冲响应结果以表格的形式进行汇总，以观测各指标受可再生能源冲击变量影响的具体百分比变化数值，由于篇幅设置，各指标均以字母代指，其对应关系详见表6-2。表6-7汇总了能源消费安全细分指标脉冲响应数值结果。

表 6-7　能源消费安全细分指标脉冲响应

Step	$X_1 \rightarrow H$	$X_2 \rightarrow H$	$X_1 \rightarrow I$	$X_2 \rightarrow I$	$X_1 \rightarrow J$	$X_2 \rightarrow J$	$X_1 \rightarrow K$
0	0.000%	0.000%	0.000%	0.000%	0.000%	0.000%	0.000%
1	− 0.180%	0.470%	− 102.600%	279.500%	− 2.120%	6.890%	0.109%
2	0.006%	0.191%	20.100%	185.500%	0.386%	4.160%	0.011%
3	0.013%	− 0.060%	− 27.900%	114.300%	− 0.066%	0.658%	0.033%
4	0.025%	− 0.077%	3.470%	69.500%	0.280%	− 0.624%	0.005%
5	− 0.005%	− 0.014%	− 8.270%	42.400%	− 0.029%	− 0.547%	0.010%
6	− 0.003%	0.017%	0.226%	25.800%	0.019%	− 0.157%	0.002%
7	− 0.003%	0.011%	− 2.530%	15.800%	− 0.035%	0.041%	0.003%
8	0.001%	0.000%	− 0.189%	9.590%	0.002%	0.065%	0.001%
9	0.001%	− 0.003%	− 0.802%	5.850%	− 0.004%	0.027%	0.001%
10	0.000%	− 0.001%	− 0.140%	3.560%	0.004%	0.000%	0.000%
Step	$X_2 \rightarrow K$	$X_1 \rightarrow L$	$X_2 \rightarrow L$	$X_1 \rightarrow M$	$X_2 \rightarrow M$	$X_1 \rightarrow N$	$X_2 \rightarrow N$
0	0.000%	0.000%	0.000%	0.000%	0.000%	0.000%	0.000%
1	− 0.046%	− 2.710%	5.320%	0.482%	− 4.860%	− 3.650%	44.700%
2	− 0.037%	1.420%	1.030%	− 0.509%	− 5.080%	3.350%	11.600%
3	− 0.019%	− 0.645%	− 0.032%	− 0.059%	− 4.780%	− 1.500%	5.190%
4	− 0.012%	0.333%	0.016%	− 0.272%	− 4.510%	0.957%	1.090%
5	− 0.006%	− 0.167%	− 0.018%	− 0.147%	− 4.230%	− 0.489%	0.740%
6	− 0.004%	0.084%	0.008%	− 0.193%	− 3.980%	0.286%	0.046%
7	− 0.002%	− 0.042%	− 0.004%	− 0.154%	− 3.740%	− 0.154%	0.129%
8	− 0.001%	0.021%	0.002%	− 0.159%	− 3.520%	0.087%	− 0.019%
9	− 0.001%	− 0.011%	− 0.001%	− 0.142%	− 3.300%	− 0.048%	0.029%
10	0.000%	0.005%	0.000%	− 0.137%	− 3.110%	0.027%	− 0.010%

首先，当受到国际可再生能源生产增加 1% 的冲击时，从数值上来看，受到影响超过 1% 的指标为原油价格波动（I）、能源消费弹性（J）、能源消费波动（L）和原油消费强度（N），其中原油价格波动受到显著的负向影响，最大达到 –102.6%，随后该影响波动减弱，在第 7 年之后逐渐消失。由于可再生能源供给增加，国内化石能源需求下降，与之相关的化石能源价格波动也将大幅度脱离市场变化，价格风险下降。价格的变化是能源安全水平变化的起点。能源消费波动受到负向影响，最大影响为 –2.71%，随后逐渐波动减弱。受价格波动的影响，能源消费在短期做出快速调整，原油消费下降，可再生能源消费比例上升。原油消费强度首先受到负向冲击 –3.65%，并在第二年反弹为正向冲击 3.35%，随后波动减弱。原油消费强度同样受到短期影响表明用于经济生产的能源市场也对价格的变化做出了较快的调整。能源消费弹性受到负向影响，效应在冲击后第一年达到最大 –2.12%，并在第二年迅速减弱。类似的，能源消费与经济发展速度的变化也表现出了较快的响应。由此可见，国际可再生能源生产冲击降低了原油及能源市场风险并减少了经济发展的能源消费依赖。除了能源价格，能源消费指标对国际可再生能源生产冲击的响应速度较快。

其次，当受到国际可再生能源需求增加 1% 的冲击时，从数值上来看，受到影响超过 1% 的指标为原油价格波动（I）、能源消费弹性（J）、能源消费波动（L）、外汇储备（M）和原油消费强度（N）。其中原油价格波动最高上升 279.5%，随后逐渐减弱，但该影响持续时间长达 10 年，时间较长。能源消费波动受到正向影响，最大增幅达到 5.32%，该效应在第二年便迅速减弱。能源消费弹性受到正向影响，在冲击后第一年上升 6.89%，并在第三年迅速减弱。原油消费强度受到较大正向影响，在第一年达到 44.7%，并在第二年迅速减弱。外汇储备受到显著的负向冲击，在第二年影响最大达到 –5.08%，随后缓慢减弱，在第 10 年仍有 –3.11% 的影响，持续时间较长。

由此可见，相较于国际可再生能源生产冲击，可再生能源消费冲击对相关指标的影响完全相反且程度更深，即国际可再生能源需求冲击增加了原油及能源市场风险并增加了经济发展的能源消费依赖。此外，国际可再生能源需求冲击还长久性地降低了中国外汇储备，这可能是因为能源消费结构转变导致的可再生能源贸易量上涨。对于能源消费安全而言，国际可再生能源生产冲击仅向市场释放了能源风险降低的信号，而国际可再生能源需求的增加则实质性地增加了可再生能源需求。

6.5.2 能源供应安全脉冲响应分析

图 6-4 展示了能源供应安全细分指标的脉冲响应结果。当受到国际可再生能源生产增加 1% 的冲击时，首先，能源产量占比、能源自给率、能源生产弹性及能源贸易占比受到显著的负向影响，其中能源贸易占比受到的负向影响最为严重，能源贸易占比下降超过 10%；其次，能源贸易总量、原油对外依存度及进口能源强度没有受到显著影响，且影响持续时间较其他指标更长，在 20 年左右，表明国际可再生能源生产增加较为深远地影响了中国能源生产，但并未显著改变中国能源贸易格局，且所有变量响应效应在 5 ~ 10 年内逐渐消失。

当受到国际可再生能源需求增加 1% 的冲击时，首先，能源产量占比、能源自给率、能源生产弹性、能源贸易总量、原油对外依存度及进口能源强度受到显著的正向影响，其中对能源生产弹性及对外依存度的正向影响超过 10% 和 5%；其次，对能源贸易占比造成轻微的负向影响，大部分效应持续时间在 5 ~ 10 年。对能源自给率及原油对外依存度影响的持续时间超过其他变量，其中能源自给率受到的影响持续时间在 15 年左右，原油对外依存度在 20 ~ 30 年。表明国际可再生能源需求增加将同时增加中国整体能源生产及原油进口。

由此可见，相较于可再生能源生产冲击，国际可再生能源需求冲击的影响更大，同时显著影响了中国能源生产及能源贸易，而可再生能源生产冲击仅影响了中国能源生产，但并未显著改变中国能源贸易格局。

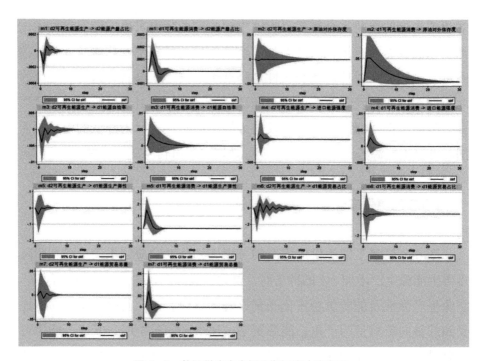

图 6-4　能源供应安全细分指标脉冲响应图

表 6-8 汇总了能源供应安全细分指标脉冲响应数值结果。首先，当受到国际可再生能源生产增加 1% 的冲击时，从数值上来看，国际可再生能源生产给能源生产弹性（E）和能源贸易占比（F）造成的冲击较大（变化超过 1%）。其中，能源生产弹性受到显著负向冲击，在冲击后第一年影响达到最大值 –3.804%，之后影响迅速减弱。受国际可再生能源需求冲击的影响，化石能源生产显著降低。能源贸易在第一年受到较大的负向冲击，降幅达到 12.6%，第二年转为正效应，增幅为 6.4%，之后影响逐渐波动减弱。可见国际可再生能源生产冲击主要减少能源生产弹性并给能源贸易造成较大的波动冲击。

其次，当受到国际可再生能源需求增加 1% 的冲击时，从数值上来看，影响超过 1% 的指标比生产冲击情况更多，包括原油对外依存度（B）、能源生产弹性（E）、能源贸易占比（F）和能源贸易总量（G）。其中，

表 6-8　能源供应安全细分指标脉冲响应

Step	$X_1 \to A$	$X_2 \to A$	$X_1 \to B$	$X_2 \to B$	$X_1 \to C$	$X_2 \to C$	$X_1 \to D$
0	0.000%	0.000%	0.000%	0.000%	0.000%	0.000%	0.000%
1	− 0.016%	0.017%	− 0.225%	5.160%	− 0.388%	0.333%	0.109%
2	0.006%	0.008%	0.046%	5.150%	0.046%	0.253%	0.014%
3	0.001%	− 0.002%	− 0.060%	4.410%	− 0.148%	0.167%	0.020%
4	0.002%	− 0.003%	0.003%	3.690%	− 0.003%	0.125%	− 0.001%
5	− 0.001%	− 0.001%	− 0.024%	3.070%	− 0.059%	0.084%	0.004%
6	0.000%	0.001%	− 0.006%	2.550%	− 0.010%	0.062%	− 0.001%
7	0.000%	0.000%	− 0.012%	2.120%	− 0.025%	0.042%	0.001%
8	0.000%	0.000%	− 0.007%	1.770%	− 0.008%	0.031%	0.000%
9	0.000%	0.000%	− 0.007%	1.470%	− 0.011%	0.021%	0.000%
10	0.000%	0.000%	− 0.005%	1.220%	− 0.005%	0.015%	0.000%

Step	$X_2 \to D$	$X_1 \to E$	$X_2 \to E$	$X_1 \to F$	$X_2 \to F$	$X_1 \to G$	$X_2 \to G$
0	0.000%	0.000%	0.000%	0.000%	0.000%	0.000%	0.000%
1	0.265%	− 3.840%	15.000%	− 12.600%	− 2.520%	0.748%	2.820%
2	0.117%	− 0.017%	7.690%	6.400%	− 0.500%	− 0.735%	− 0.491%
3	0.043%	− 0.367%	1.350%	− 5.220%	− 0.477%	0.349%	− 0.184%
4	0.015%	0.327%	− 0.551%	3.660%	0.102%	− 0.136%	0.065%
5	0.005%	− 0.037%	− 0.515%	− 2.680%	− 0.138%	0.065%	0.016%
6	0.002%	0.063%	− 0.161%	1.930%	0.084%	− 0.036%	− 0.013%
7	0.001%	− 0.032%	− 0.001%	− 1.400%	− 0.065%	0.019%	0.002%
8	0.000%	0.009%	0.028%	1.010%	0.046%	− 0.009%	0.000%
9	0.000%	− 0.008%	0.013%	− 0.735%	− 0.034%	0.005%	0.000%
10	0.000%	0.004%	0.003%	0.532%	0.024%	− 0.002%	0.000%

能源生产弹性受到较大正向冲击，最大影响达到 15%，但该效应在第三年便迅速减弱。能源贸易占比和能源贸易总量分别受到负向和正向冲击，二者均在第一年影响达到最大，为 –2.52% 和 2.82%，并在第二年迅速减弱。原油对外依存度受到显著正向冲击，在第一年影响达到最大（5.16%），随后逐渐减弱，且到了第十年末仍有 1.22% 的正向影响。可见原油对外依存度受可再生能源消费冲击的时间较长，可能的原因在于国内可再生能源需求的快速反应导致国内原油生产短期内大幅下降，且降幅大于进口。

可见国际可再生能源需求冲击给国内能源进口和生产都带来了较大的正向影响，这些影响包括传统能源，其影响同样大于可再生能源供给冲击。

6.5.3 能源环境安全脉冲响应分析

图 6-5 展示了能源环境安全细分指标的脉冲响应结果。当受到国际可再生能源生产增加 1% 的冲击时，首先，清洁能源占比及绿色发展贡献强度受到显著的正向影响，表明国际可再生能源生产增加提高了中国清洁能源使用及绿色发展水平；其次，CO_2 排放量及工业产值占比受到显著负向影响；最后，CO_2 强度没有受到显著影响。

当受到国际可再生能源需求增加 1% 的冲击时，首先，与可再生能源生产冲击类似，清洁能源占比及绿色发展贡献强度受到显著的正向影响，其中 CO_2 排放量同样表现为正向响应，这可能是因为国际可再生能源需求的增加同样刺激了中国传统能源消费总量，导致总排放增加；其次，CO_2 强度略微降低，但影响持续时间超过其他指标，接近 20 年。工业产值占比同样降低，但幅度不明显。

由此可见，国际可再生能源冲击总体上能够刺激中国能源环境安全水平提升，但是消费冲击同时也会增加排放总量。

表 6-9 汇总了能源环境安全细分指标脉冲响应数值结果。首先，当

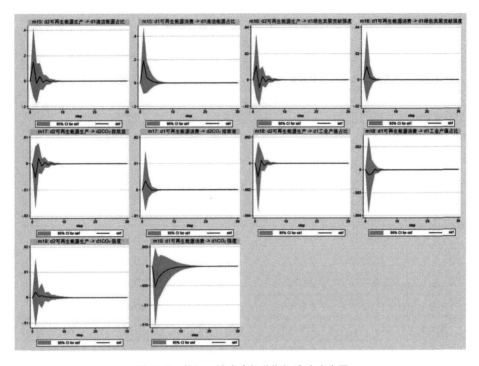

图 6-5 能源环境安全细分指标脉冲响应图

受到国际可再生能源生产增加 1% 的冲击时，从数值上来看，受到影响超过 1% 的指标包括清洁能源占比（O）和绿色发展贡献强度（P）。二者均受到显著正向冲击，影响最大分别为 14.9% 和 1.06%，随后该效应迅速减弱并波动变化。表明可再生能源供给结构的改变实质上增加了清洁能源的使用。

其次，当受到国际可再生能源需求增加 1% 的冲击时，同样是清洁能源占比（O）和绿色发展贡献强度（P）受到影响超过 1%，同可再生能源生产非常相似，均为正向影响，最大影响分别为 19.1% 和 1.01%，且持续时间较短。

由此可见，国际可再生能源生产和消费冲击都给清洁能源使用及低碳发展带来了积极的短期影响。

表6-9　能源环境安全细分指标脉冲响应

Step	$X_1 \to O$	$X_2 \to O$	$X_1 \to P$	$X_2 \to P$	$X_1 \to Q$
0	0.000%	0.000%	0.000%	0.000%	0.000%
1	14.900%	19.100%	1.060%	1.010%	− 0.522%
2	− 1.620%	5.020%	− 0.586%	0.178%	0.211%
3	3.640%	2.550%	0.269%	0.028%	− 0.086%
4	− 0.759%	1.160%	− 0.141%	−0.003%	0.058%
5	0.922%	0.419%	0.071%	0.002%	− 0.030%
6	− 0.273%	0.233%	− 0.036%	−0.001%	0.015%
7	0.242%	0.071%	0.018%	0.000%	− 0.008%
8	− 0.089%	0.047%	− 0.009%	0.000%	0.004%
9	0.065%	0.011%	0.005%	0.000%	− 0.002%
10	− 0.027%	0.010%	− 0.002%	0.000%	0.001%
Step	$X_2 \to Q$	$X_1 \to R$	$X_2 \to R$	$X_1 \to S$	$X_2 \to S$
0	0.000%	0.000%	0.000%	0.000%	0.000%
1	0.336%	− 0.102%	− 0.043%	0.219%	− 0.527%
2	0.112%	0.021%	− 0.037%	0.055%	− 0.312%
3	− 0.011%	− 0.018%	0.006%	0.085%	− 0.217%
4	− 0.006%	0.006%	− 0.007%	0.036%	− 0.153%
5	− 0.004%	− 0.003%	0.002%	0.036%	− 0.104%
6	0.001%	0.001%	− 0.001%	0.020%	− 0.074%
7	0.000%	− 0.001%	0.000%	0.016%	− 0.051%
8	0.000%	0.000%	0.000%	0.010%	− 0.035%
9	0.000%	0.000%	0.000%	0.008%	− 0.024%
10	0.000%	0.000%	0.000%	0.005%	− 0.017%

6.5.4 总体能源安全脉冲响应分析

最后，本书将各维度细分指标使用主成分分析法进行降维处理，并将各维度得分对数化处理后得到新的总体安全指数序列，并使用同样的方法进行分析（图6-6）。当受到国际可再生能源生产增加1%的冲击时，首先，能源供应安全先受到负向影响，随后转为正向影响后该效应逐渐消失，能源消费安全与能源环境安全受到正向影响；其次，国际可再生能源生产冲击给总体能源安全造成正向影响，各指数受到的冲击均表现为波动变化且效应持续时间在5年左右。

当受到国际可再生能源需求增加1%的冲击时，首先，能源供应安全和能源消费安全受到显著负向影响，能源环境安全受到显著正向影响；其次，国际可再生能源需求冲击没有对总体能源安全造成显著影响。

由此可见，相比较国际可再生能源需求冲击，可再生能源生产冲击给中国能源安全带来的影响更大，国际可再生能源冲击总体上对中国能源安全有正向的影响，在细分维度上降低了能源供应安全，提升了能源环境安全。

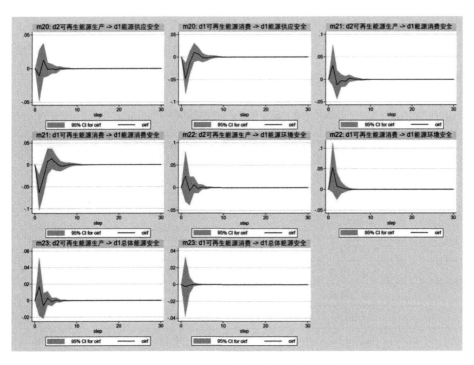

图6-6　总体能源安全指数脉冲响应图

表 6-10 呈现了总体能源安全指标脉冲响应数值结果。首先，当受到国际可再生能源生产增加 1% 的冲击时，能源消费安全受到短期的正向影响，最大影响为 3.18% 。能源环境安全受到短期的正向影响，最大为2.5%。能源供应安全受到先负后正的短期波动影响，最大波动幅度在 1%左右。总体能源安全受到短期正向影响，最大影响为 1.7%。可见国际可再生能源生产冲击给中国能源安全总体带来短期小幅的正向影响。

其次，当受到国际可再生能源需求增加 1% 的冲击时，能源消费安全受到较大短期负向影响，最大为 −6.34%。能源供应安全受到较大的短期负向影响，最大为 −4.82%。能源环境安全短期受到较大正向影响，最大为 5.35%。总体能源安全则未受到显著影响（波动幅度未超过 1%）。

总而言之，国际可再生能源生产冲击提升了中国能源消费和环境安全，并小幅提升了总体能源安全。国际可再生能源需求冲击降低了中国能源供应和消费安全，提升了能源环境安全，且这些影响均高于国际可再生能源生产造成的冲击，但对总体能源安全没有产生显著影响。此外，无论是可再生能源生产冲击还是可再生能源消费冲击，二者带来的影响都是短期的，相较而言可再生能源生产冲击的影响持续时间超过 5 年。

表 6-10　总体能源安全指数脉冲响应

Step	X_1→能源供应安全	X_2→能源供应安全	X_1→能源消费安全	X_2→能源消费安全
0	0.000%	0.000%	0.000%	0.000%
1	− 1.050%	− 4.820%	3.180%	− 6.340%
2	1.230%	− 1.220%	− 1.220%	− 3.040%
3	− 0.112%	1.020%	− 0.258%	0.784%
4	− 0.010%	0.679%	− 0.415%	1.360%
5	− 0.164%	− 0.128%	0.257%	0.382%
6	0.055%	− 0.228%	0.074%	− 0.291%
7	0.015%	− 0.030%	0.043%	− 0.260%
8	0.013%	0.061%	− 0.054%	− 0.024%
9	− 0.013%	0.025%	− 0.014%	0.078%
10	− 0.001%	− 0.011%	− 0.001%	0.044%

Step	X_1→能源环境安全	X_2→能源环境安全	X_1→总体能源安全	X_2→总体能源安全
0	0.000%	0.000%	0.000%	0.000%
1	2.500%	5.350%	1.700%	− 0.252%
2	− 0.716%	0.815%	− 0.627%	− 0.088%
3	0.607%	0.415%	0.307%	0.008%
4	− 0.227%	0.163%	− 0.156%	− 0.006%
5	0.139%	0.026%	0.076%	0.003%
6	− 0.059%	0.028%	− 0.037%	− 0.002%
7	0.032%	− 0.001%	0.018%	0.001%
8	− 0.015%	0.005%	− 0.009%	0.000%
9	0.008%	− 0.001%	0.004%	0.000%
10	− 0.004%	0.001%	− 0.002%	0.000%

第 6 章　碳中和目标下可再生能源发展对中国能源安全的影响

6.6 本章小结

本章讨论了国际可再生能源冲击对中国能源安全各方面的影响，首先，从能源供应安全、能源消费安全及能源环境安全三个维度构建了中国能源安全指标体系；其次，使用主成分分析法将细分指标降维，得到各维度及中国总体能源安全指数；最后，利用向量自回归及脉冲响应分析方法实证检验了国际可再生能源生产及需求冲击对中国能源安全总体及细分指标的影响程度及持续时间。

根据实证分析结果，本书得出以下五方面的结论。第一，国际可再生能源生产冲击小幅增加了中国总体能源安全，最大为 1.7%。国际可再生能源需求冲击则没有对总体能源安全产生较大影响。其中可再生能源生产冲击造成的影响持续时间较长，超过了 5 年。表明在当前碳中和背景下，国际可再生能源供给结构转变对中国能源安全有着短期的正面影响。第二，国际可再生能源生产冲击提升了中国能源消费和环境安全。其中，对能源消费安全最大影响为 3.18%，对能源环境安全最大影响为 2.5%。国际可再生能源需求冲击降低了中国能源供应和消费安全，提升了能源环境安全。对三方面的最大影响分别为 –4.82%、–6.34% 和 5.35%。从持续时间来看，能源供应、消费和环境安全受到的影响均接近 10 年。第三，在细分指标层面，国际可再生能源生产冲击对能源消费安全的影响与消费冲击相反，且需求冲击的影响更大。主要集中在中国能源消费及能源价格领域，且二者均对能源价格风险产生了持久的、强烈的冲击。其中,受国际可再生能源供给影响较大的指标有原油价格波动(–102.6%)、能源消费弹性（–2.12%）、能源消费波动（–2.71%）和原油消费强度（–3.65%），受国际可再生能源需求影响较大的指标有原油价格波动（279.5%）、能源消费弹性（6.89%）、能源消费波动（5.32%）、外汇储备（-5.08%）和原油消费强度（44.7%）。此外，外汇储备受到影响的持续时间显著超过其他指标，最长可达 30 年。这表明国际可再生能源生产冲击仅向市场释放了能源风险降低的信号，而国际可再生能源需求的增加则实质性地增加了可再生能源需求，并长久地降低了能源进口和外汇储备。第四，国际可再生能源生产冲击和需求冲击对中国能源供应安全在初期主要表现为消极影响，在细分指标层面，生产冲击和消费冲击都主要集中于能源生产和能源贸易领域。其中，受国际可再生能源供给影响较大的指标有能源生产弹性（-3.804%）和能源贸易占比（-12.6%），受国际可再生能源需求影响较大的指标有原油对外依存度（5.16%）、能源生产弹性（15%）、能源贸易占比（-2.52%）和能源贸易总量（2.82%）。此外，原油对外依存度受到的冲击持续时间较长，尤其是受国际可再生能源需求冲击时，正向效应持续超过 20 年。第五，国际可再生能源生产及消费冲击对中国能源环境安全均产生了显著的正向影响，且需求冲击的影响更大，在细分指标层面，冲击主要在于碳排放和绿色发展领域。其中，受国际可再生能源供给影响较大的指标有清洁能源占比（14.9%）和绿色发展贡献强度（1.06%），受国际可再生能源需求影响较大的指标同样是清洁能源占比（19.1%）和绿色发展贡献强度（1.01%）。此外，在影响持续时间方面，CO_2 强度受到的负向影响超过了 10 年，尽管降幅较低。

　　结合本章节实证研究结果，本书对中国应对国际可再生能源冲击，保障能源安全提出以下关注的方向：第一，在能源消费安全方面，建立国内能源价格预警机制，重点监测国际可再生能源需求增加对能源价格的短期大幅冲击。第二，在能源供应安全方面，对国际可再生能源格局变化提前布局，防范国际范围内对可再生能源需求增加引致的国内可再生能源对外依存风险。第三，在能源环境安全方面，建立开放健全的国内可再生能源市场，制定政策引导国内能源消费结构转型，为降碳减排及经济绿色发展做出贡献。

第7章

研究结论与政策建议

7.1 研究结论

本书围绕全球能源局势演变特征及其具体表现，全面分析中国能源安全面临的外部形势压力，确定了能源局势演变对中国能源安全的影响路径，分别以美伊石油冲突、美国页岩油革命、国际可再生能源冲击为背景或案例评估了不同形式的能源局势演变对中国能源安全的具体影响。主要的研究发现包括以下五方面：

（1）在全球化石能源供需重心转移和能源转型双重变量的推动下，能源局势演变出三种新的态势。第一，就全球化石能源生产重心而言，化石能源生产商由以"OPEC"为主的垄断组织变为由美国、沙特阿拉伯和俄罗斯形成的"三足鼎立"形式。美国页岩油革命的成功不仅加强了美国的"能源独立"，而且极大地抢占了沙特阿拉伯和俄罗斯的市场份额，并引发了各大能源生产集团对于能源市场的抢夺。第二，就全球化石能源市场竞争来看，由于化石能源的生产增加同时需求疲软，化石能源竞争由消费端转移至生产端，化石能源存在潜在的资产搁浅风险，全球能源市场价格波动剧烈，能源合作和能源制裁愈演愈烈，全球能源局势演变表现出极大的不确定性。第三，能源转型对于能源局势的演变至关重要，可再生能源对化石能源的替代进程决定了新的能源局势的形成。可再生能源的全球大规模部署使传统的化石能源生产国失去优越的能源局势影响力和话语权，甚至存在被淘汰出局的风险，而对化石能源消费国存在相反的影响，但这取决于这些国家的可再生能源技术发展水平。总体来说，能源局势演变同时存在于空间和时间的双重范畴，能源转型使能源局势演变呈现出多重属性，而围绕能源权利的要素集合，包括主体角色、能源政策和能源关系则是能源局势的主要构成。

（2）全球能源局势演变对中国能源安全的影响具有复杂性。当前，化石能源和可再生能源交织存在，导致全球能源局势演变具有多重属性，因而对中国能源安全的影响具有复杂性。从影响路径来看，化石能源对外依存度偏高是中国能源安全被全球能源格局影响的基本前提，直接能源贸易和隐含能源贸易成为全球能源局势演变影响中国能源安全的主要路径；而对于可再生能源而言，全球化石能源的大规模生产和消费对中国能源安全造成了不同的影响。可再生能源生产减少了中国的能源贸易，同时可再生能源部署对化石能源价格的影响十分明显。另外，可再生能源部署增加了中国的清洁能源占比，有助于环境安全的改善。从影响结果来看，一是化石能源生产竞争对中国能源进口和供给安全造成潜在威胁，主要来源于美国、中东和俄罗斯的能源生产市场份额抢夺。二是美国并不是中国主要的化石能源进口国，但是美国页岩油革命对于中国隐含能源流动的依赖性影响十分显著，使中国的隐含能源消耗严重依赖美国。三是可再生能源对中国能源安全的影响具有一定的不确定性，可再生能源生产冲击会提升中国总体能源安全，而消费冲击则表现出相反的效果。对于中国来说，既需要关注化石能源市场波动对中国能源供给安全的威胁，又需要避免可再生能源带来的潜在负面影响。技术因素成为中国能源安全状况长期改善的关键，而政治因素对于短期能源安全的影响发挥至关重要的作用。

（3）化石能源生产大国围绕石油资源的冲突通过石油产量变化和价格波动，对中国能源贸易产生消极影响，并威胁中国的能源供给安全。就美伊石油冲突而言，第一，伊朗石油的减少引致国际能源价格上升，导致中国包括石油、天然气和煤炭等在内的一次能源进口的减少，进而供给减少。第二，由于上游供给减少和成本价格上升，下游部门的供给短缺，进口增加，能源对外依存度进一步上升。尽管波斯湾国家的石油生产增加可以改善中国各产业的供给状况，却不利于大多数产业的产品出口，尤其是石油，并对一次能源及其下游产业的供给带来灾难性的破坏。第三，从能源进口来源来看，中国的石油、天然气和石油制品的进口严重依赖伊朗及其他波斯湾国家，美伊政治冲突的发生会直接威胁中国的

第 7 章 研究结论与政策建议

能源安全。第四，伊朗的石油出口减少使中国 GDP 下降，并对能源贸易产生消极影响。但如果其他波斯湾国家的剩余产能可以及时利用，那么这种消极影响可以有效减弱。而如果伊朗强烈抵制美国制裁，扰乱霍尔木兹海峡能源运输，这种影响将是灾难性的，全球大多数国家都会发生极为惨重的经济损失。

（4）美国页岩油革命引发的国际化石能源供应格局变化，对中国的隐含能源安全产生潜在隐患。第一，美国石油供给变化导致中国生产侧能源和消费侧能源依赖程度变高，且对中国消费侧能源消耗影响更大。目前美国石油最终产品生产引致的中国消费侧能源消耗（33197.59TJ）已经高于生产侧能源消耗（19490.93TJ）。美国石油出口变化导致中国更加依赖国际隐含能源贸易网络来满足最终需求，中国能源安全面临的隐含能源挑战开始凸显。第二，从行业层面来看，页岩油革命繁荣时期，中国石油加工及炼焦业、采掘业和电力与热力供应业生产侧、消费侧能源依赖性逐渐增大。此外，与生产侧能源消耗相比，消费侧能源消耗在各个行业中分布更集中，更加集中在石油加工及炼焦业，占比超过 88%。随着石油加工及炼焦业比例下降，消费侧能源消耗的行业集中度有所下降。第三，从国家来看，美国石油供给变化导致中国隐含能源出口更加分散在加拿大、墨西哥、巴西和世界其他地区，隐含能源出口更加多元化，有利于中国的能源安全。第四，美国并非中国石油的主要进、出口国家，与直接能源贸易相比，美国石油供给变化对中美隐含能源贸易影响更大，这是对中国能源安全一种隐性的挑战。此外，美国石油最终产品生产引致的中国向美国隐含能源进口占总隐含能源进口的比值稳定在 92% 左右，集中度高，能源安全风险较大。

（5）国际可再生能源冲击会对中国能源的长期安全产生系统性影响。第一，国际可再生能源生产冲击会小幅提升中国总体能源安全，而需求冲击则不会。且生产冲击较消费冲击持续时间更长，超过 5 年。第二，国际可再生能源生产冲击提升了中国能源消费和环境安全。国际可再生能源需求冲击则相反，降低了中国能源供应和消费安全，提升了能源环境安全。消费冲击带来的影响均高于国际可再生能源生产造成的冲击，对中国能源供应、消费及环境安全的最大影响分别为 –4.82%、–6.34% 和 5.35%。三者受到的冲击时间均接近 10 年。第三，在细分指标层面，生产冲击和需求冲击都主要集中于原油价格及市场风险领域。国际可再生能源生产及消费冲击对中国能源环境安全均产生了显著的正向影响，且消费冲击的影响更大，受影响的领域集中于碳排放和绿色发展。具体而言，受国际可再生能源需求冲击较大的指标有原油价格波动（279.5%）、外汇储备（–5.08%）、原油消费强度（44.7%）、原油对外依存度（5.16%）及清洁能源占比（19.1%）等；受国际可再生能源供应冲击较大的指标有原油价格波动（–102.6%）、能源消费弹性（–2.12%）、能源消费波动（–2.71%）、能源贸易占比（–12.6%）及清洁能源占比（14.9%）等。第四，相较于高维度能源安全指标，大部分细分指标受到的冲击持续时间明显更长，部分指标如外汇储备和原油对外依存度等受到的影响可超过 20 年。

7.2 政策建议

第一，建立化石能源局势风险评估体系和能源安全风险长效预警机制。实时追踪化石能源局势事件动态演变并进行综合评估，跟踪国际传统化石能源供应格局变化，做好可能出现的能源短缺风险预测，从进口、投资、生产、储备多个维度保证能源供应安全。进口方面，维持能源部门的供应稳定，多元化能源进口来源，避免对于少数区域、少数运输路线的进口过度集中。就美国—伊朗政治冲突而言，以石油进口为例，可以努力摆脱对波斯湾国家石油进口的高度依赖，转向撒哈拉以南非洲和俄罗斯等更加多样化的供应商，以减少中国通过霍尔木兹海峡的能源运输。投资方面，合理选择化石能源海外投资区域，统筹考虑能源热点地区投资收益和局势风险。生产方面，要坚决推进能源生产，合理保持化石能源产量增加。储备方面，加快推进化石能源储备能力建设，提高国家能源应急能力水平提升，减少因短期能源贸易规模缩小导致的能源供给短缺问题。有效识别国际局势风险，预测识别短期国际局势冲突事件传导国内能源领域的机制路径，在市场、供给、消费多个维度建立安全风险预警体系。

第二，注重隐含能源安全的风险。尤其是针对美国页岩油革命导致的中国隐含能源依赖性增大、隐含能源进口增长快于出口增长以及中国对美国隐含能源进口集中度高的问题，着力从以下四方面进行部署改进：①将一些能源密集型产业外包，以减少能源商品进口，在一定程度上减缓隐含能源供应波动的影响；②使能源密集型产品进口多样化，特别是拓宽产业链上游产品供应渠道，加强与世界其他地区的能源合作与贸易往来，分散隐含能源进口风险；③加快技术革新，推动能源密集型产业的转型升级，提高能源利用效率；④在减少自身能源消耗的同时，系统衡量贸易产品中的能源消耗，进行贸易结构优化，降低对隐含能源的依赖。

第三，注重技术提高对能源发展的重要性。针对能源开采、生产、消费等多个环节展开技术研发，加大化石能源清洁力度，提高能源效率，推进非化石能源使用和消费。利用清洁能源技术减少化石能源消费造成的空气污染和碳排放等环境问题，缓解化石能源退出导致的局势波动（Cong et al., 2023）。借助提高能源效率减少能源资源的浪费和能源资产的搁浅损失，缓解能源短缺对经济造成的负面影响。积极研发可再生能源使用的相关技术，解决可再生能源供应不稳定和间歇性问题。

第四，长期来看，有序推进能源替代转型，协调短期能源安全和中长期能源安全的关系。稳步推动化石能源的低碳转型和市场退出，合理安排非化石能源的发展和替代。采用有计划、有目标、有阶段的合理减碳方式，以保障能源安全为基本目标，实现能源减排、能源安全和经济发展三者的和谐发展。化石能源的退出需要建立在能源价格稳定合理的基础上，避免运动式减碳对经济的过度打压。可再生能源的发展需要合理稳定推进，避免盲目过度投资造成的资源浪费。

第五，分类推进能源国际合作，构建新型全球能源命运共同体。当前，能源局势演变与环境、气候等关乎全人类命运生存的问题息息相关，构建能源命运共同体对维持人类社会可持续发展具有重要意义。通过建立能源命运共同体，获得国家之间的文化认同或身份认同，从而更好地推进全球能源转型的同步积极推进。搭建能源贸易网络合作体系，建立互信互惠的能源贸易伙伴关系，提高能源贸易话语权和能源市场主导地位。在特定时期，增加对美国优质油气资源的进口，平衡中美贸易；重视与SSA和俄罗斯地区的油气贸易合作，拓宽现有的石油贸易渠道，提高其他国家在中国石油进口中的比例；实现天然气进口来源多元化，逐渐减小中亚天然气进口占比，加强与东盟地区的天然气贸易往来；准确把握波斯湾国家的政治动态，灵活开展与波斯湾国家的能源合作；积极参与全球能源治理共同体建设，为世界能源安全做出贡献。

7.3 研究不足与展望

由于国际局势演变具有鲜明的时代特征，难以全面捕捉，且能源安全的量化及范围界定尚存争议，本研究还存在以下不足之处：

一方面，能源局势演变是一个较为宽泛的概念，尽管本研究跨越国际能源局势的短、中、长期视角，但其包含的不同具体事件对能源安全的影响有不同的特征，难以用数量有限的典型事件进行概括，且当今信息时代下国际能源局势瞬息万变，演变的方向及特征有待进一步研究确定。

另一方面，受制于研究视角及数据的可获得性，能源安全的研究范围界定及量化衡量存在困难，尽管国内外学术界对能源安全的概念及衡量方法已有了广泛研究，本书也试图以更全面的视角和方法对能源安全进行测度，但尚不能做到全面准确。

未来研究可以考虑从以下方面深入展开分析：

首先，使用近期最具典型性的局势冲突事件，如俄乌战争，为国际政治冲突对中国能源安全的影响提供新的证据。

其次，与可再生能源资源相关的锂、镍、钴、锰和石墨等关键矿产资源争夺有关的全球能源局势演变正在形成，成为可再生能源大规模部署下能源局势演变的一个重要因素，未来可将稀有金属作为研究对象，对可再生能源局势演变进行更加深入的分析。

再次，随着金融全球化的不断加深，能源金融市场风险的重要性已不可同日而语，在能源安全研究方面可以重点考察国际能源局势事件对能源金融领域收益及长期系统性风险的影响。

最后，随着大数据技术的推广普及，机器学习、人工智能等研究方法可以代替参数统计方法应用于能源安全测度，以更加全面、准确地捕捉真实的能源安全动态。

参考文献

[1] Ahmadi, A. The impact of economic sanctions and the JCPOA on energy sector of Iran [J]. Global Trade and Customs Journal, 2018, 13(5): 198-223.

[2] Aized T, Shahid M, Bhatti A A, et al. Energy security and renewable energy policy analysis of Pakistan [J]. Renewable and Sustainable Energy Reviews, 2018, 84: 155-169.

[3] Akizu-Gardoki O, Wakiyama T, Wiedmann T, et al. Hidden Energy Flow indicator to reflect the outsourced energy requirements of countries[J]. Journal of Cleaner Production, 2021, 278: 123827.

[4] Alshwawra A, Almuhtady A. Impact of regional conflicts on energy security in Jordan [J]. International Journal of Energy Economics and Policy, 2020, 10(3): 45-50.

[5] Alvarez-Silva O A, Osorio A F, Winter C. Practical global salinity gradient energy potential[J]. Renewable and Sustainable Energy Reviews, 2016, 60: 1387-1395.

[6] Ansari D. OPEC, Saudi Arabia, and the shale revolution: Insights from equilibrium modelling and oil politics [J]. Energy Policy, 2017, 111: 166-178.

[7] Arshad A, Zakaria M, Junyang X. Energy prices and economic growth in Pakistan: A macro-econometric analysis [J]. Renewable and Sustainable Energy Reviews, 2016, 55: 25-33.

[8] Aslani A, Antila E, Wong K. Comparative analysis of energy security in the Nordic countries: The role of renewable energy resources in diversification [J]. Journal of Renewable & Sustainable Energy, 2012, 4(6):062701.

[9] Augutis J, Martišauskas L, Krikštolaitis R, et al. Impact of the renewable energy sources on the energy security [J]. Energy Procedia, 2014, 61: 945-948.

[10] Axon C J, Darton R C. The causes of risk in fuel supply chains and their role in energy security [J]. Journal of Cleaner Production, 2021, 324: 129254.

[11] Bataa E, Park C. Is the recent low oil price attributable to the shale revolution? [J]. Energy Economics, 2017, 67: 72-82.

[12] Bazilian M, Bradshaw M, Gabriel J, et al. Four scenarios of the energy transition: Drivers, consequences, and implications for geopolitics [J]. Wiley Interdisciplinary Reviews: Climate Change, 2020, 11(2): e625.

[13] Bezdek R H. The environmental, health, and safety implications of solar energy in central station power production [J]. Energy, 2014, 18(6):681-685.

［14］ Bilgili F, Koçak E, Bulut Ü. The dynamic impact of renewable energy consumption on CO_2 emissions: a revisited Environmental Kuznets Curve approach [J]. Renewable and Sustainable Energy Reviews, 2016, 54: 838-845.

［15］ Blockmans S. Crimea and the quest for energy and military hegemony in the Black Sea region: governance gap in a contested geostrategic zone [J]. Journal of Southeast European & Black Sea Studies, 2015, 15(2): 179-189.

［16］ Blondeel M, Bradshaw M J, Bridge G, et al. The geopolitics of energy system transformation: A review [J]. Geography Compass, 2021, 15(7):12580.

［17］ Boogaerts A, Drieskens E. Lessons from the MENA región: A configurational explanation of the (in) effectiveness of UN Security Council Sanctions between 1991 and 2014[J]. Mediterranean Politics, 2020, 25(1):71-95.

［18］ Bortolamedi M. Accounting for hidden energy dependency: the impact of energy embodied in traded goods on cross-country energy security assessments [J]. Energy, 2015, 93: 1361-1372.

［19］ Bouoiyour J, Selmi R, Hammoudeh S, et al. What are the categories of geopolitical risks that could drive oil prices higher? Acts or threats? [J]. Energy Economics, 2019, 84: 104523.

［20］ BP. Statistical Review of World Energy 2020[R]. London: BP, 2021.

［21］ Brodny J, Tutak M. The comparative assessment of sustainable energy security in the Visegrad countries. A 10-year perspective [J]. Journal of Cleaner Production, 2021, 317: 128427.

［22］ Brown S P A, Huntington H G. OPEC and world oil security [J]. Energy Policy, 2017, 108: 512-523.

［23］ Burgherr P, Hirschberg S, Spada M. Comparative Assessment of Accident Risks in the Energy Sector [J]. Springer US, 2013,199:475-501.

［24］ Burke M J, Stephens J C. Political power and renewable energy futures: A critical review [J]. Energy Research & Social Science, 2018, 35: 78-93.

［25］ Caldara D, Cavallo M, Iacoviello M. Oil price elasticities and oil price fluctuations [J]. Journal of Monetary Economics, 2019, 103: 1-20.

［26］ Campos A, Fernandes C. The geopolitics of energy [J]. Geopolitics of Energy and Energy Security, 2017, 24: 23-40.

［27］ Capellán-Pérez I, Mediavilla M, de Castro C, et al. More growth? An unfeasible option to overcome critical energy constraints and climate change [J]. Sustainability Science, 2015, 10(3): 397-411.

［28］ Cergibozan R. Renewable energy sources as a solution for energy security risk: Empirical evidence from OECD countries [J]. Renewable Energy, 2022, 183: 617-626.

［29］ Chen H, Liao H, Tang B J, et al. Impacts of OPEC's political risk on the international crude oil prices: An empirical analysis based on the SVAR models [J]. Energy Economics, 2016, 57: 42-49.

[30] Cimino-Isaacs C D, Katzman K. Iran's Expanding Economic Relations with Asia [J]. Current Politics and Economics of the Middle East, 2019, 10(2): 149-152.

[31] Ciutǎ F. Conceptual notes on energy security: total or banal security [J]. Security Dialogue, 2010, 41(2): 123-144.

[32] Coady D, Parry I W H, Shang B. Energy price reform: lessons for policy makers [J]. Review of Environmental Economics and Policy, 2018, 12(2):197-219.

[33] Colgan J D. Oil, domestic politics, and international conflict [J]. Energy Research & Social Science, 2014, 1: 198-205.

[34] Cong R G. An optimization model for renewable energy generation and its application in China: a perspective of maximum utilization [J]. Renewable and Sustainable Energy Reviews, 2013, 17: 94-103.

[35] Cong J, Wang H, Hu X, et al. Does China's Pilot Carbon Market Cause Carbon Leakage? New Evidence from the Chemical, Building Material, and Metal Industries[J]. International Journal of Environmental Research and Public Health, 2023, 20(3): 1853.

[36] Crozet M, Hinz J. Friendly fire: the trade impact of the Russia sanctions and counter-sanctions [J]. Economic Policy, 2020, 35(101): 97-146.

[37] Cui L B, Peng P, Zhu L. Embodied energy, export policy adjustment and China's sustainable development: a multi-regional input-output analysis[J]. Energy, 2015, 82: 457-467.

[38] Dadwal S R. Arctic: the next great game in energy geopolitics? [J]. Strategic Analysis, 2014, 38(6): 812-824.

[39] Dike J C. Measuring the security of energy exports demand in OPEC economies [J]. Energy Policy, 2013, 60: 594-600.

[40] Dornan M. Methods for assessing the contribution of renewable technologies to energy security: the electricity sector of Fiji [J]. 2009,24:71-91.

[41] EIA. World Energy Outlook 2021[R]. Washington, DC: U.S. Department of Energy, 2021.

[42] Erşen E, Çelikpala M. Turkey and the changing energy geopolitics of Eurasia [J]. Energy Policy, 2019, 128: 584-592.

[43] Esen Ö, Bayrak M. Does more energy consumption support economic growth in net energy-importing countries? [J]. Journal of Economics, Finance and Administrative Science, 2017, 22(42): 75-98.

[44] Nasre Esfahani M, Rasoulinezhad E. Iran's trade policy of Asianization and de-Europeanization under sanctions[J]. Journal of Economic Studies, 2017, 44(4): 552-567.

[45] Farzanegan M R, Hayo B. Sanctions and the shadow economy: Empirical evidence from Iranian provinces [J]. Applied Economics Letters, 2019, 26(6):

参考文献

501–505.

[46] Francés G E, Marín-Quemada J M, González E S M. RES and risk: Renewable energy's contribution to energy security. A portfolio-based approach [J]. Renewable and Sustainable Energy Reviews, 2013, 26: 549–559.

[47] Furlan C, Mortarino C. Forecasting the impact of renewable energies in competition with non-renewable sources [J]. Renewable and Sustainable Energy Reviews, 2018, 81: 1879–1886.

[48] Gao C, Sun M, Shen B. Features and evolution of international fossil energy trade relationships: A weighted multilayer network analysis [J]. Applied Energy, 2015, 156: 542–554.

[49] Gharibnavaz M R, Waschik R. A computable general equilibrium model of international sanctions in Iran [J]. The World Economy, 2018, 41(1): 287–307.

[50] Gökgöz F, Güvercin M T. Energy security and renewable energy efficiency in EU [J]. Renewable and Sustainable Energy Reviews, 2018, 96: 226–239.

[51] Goldthau A, Westphal K, Bazilian M, et al. How the energy transition will reshape geopolitics [J]. Nature, 2019, 569(7754): 29–31.

[52] Greig C, Uden S. The value of CCUS in transitions to net-zero emissions [J]. The Electricity Journal, 2021, 34(7): 107004.

[53] Grubert E, Zacarias M. Paradigm shifts for environmental assessment of decarbonizing energy systems: Emerging dominance of embodied impacts and design-oriented decision support needs [J]. Renewable and Sustainable Energy Reviews, 2022, 159: 112208.

[54] Guo S, Zheng S, Hu Y, et al. Embodied energy use in the global construction industry [J]. Applied Energy, 2019, 256: 113838.

[55] Hache E. Do renewable energies improve energy security in the long run? [J]. International Economics, 2018, 156: 127–135.

[56] Hamed T A, Bressler L. Energy security in Israel and Jordan: The role of renewable energy sources [J]. Renewable Energy, 2019, 135: 378–389.

[57] Hanif I. Impact of economic growth, nonrenewable and renewable energy consumption, and urbanization on carbon emissions in Sub-Saharan Africa [J]. Environmental Science and Pollution Research, 2018, 25:15057–15067.

[58] Hao X, An H, Qi H, et al. Evolution of the exergy flow network embodied in the global fossil energy trade: Based on complex network [J]. Applied Energy, 2016, 162: 1515–1522.

[59] Hastings D D, Mcclelland M J L. Shale gas and the revival of American power: debunking decline? [J]. International Affairs, 2013, 89(6): 1411–1428.

[60] He S, Guo K. Examination of the energy trading status of China and India and the prospect for cooperation [J]. Procedia Computer Science, 2019, 162: 819–826.

[61] Hinrichs-Rahlwes R. Renewable energy: Paving the way towards sustainable

energy security: Lessons learnt from Germany [J]. Renewable Energy, 2013, 49: 10-14.

[62] Högselius P, Kaijser A. Energy dependence in historical perspective: The geopolitics of smaller nations [J]. Energy Policy, 2019, 127: 438-444.

[63] Hong J, Shen G Q, Guo S, et al. Energy use embodied in China's construction industry: a multi-regional input–output analysis[J]. Renewable and Sustainable Energy Reviews, 2016, 53: 1303-1312.

[64] Hughes L, Meckling J. The politics of renewable energy trade: The US-China solar dispute [J]. Energy Policy, 2017, 105: 256-262.

[65] Hu X, He L, Cui Q. How Do International Conflicts Impact China's Energy Security and Economic Growth? A Case Study of the US Economic Sanctions on Iran [J]. Sustainability, 2021, 13(12): 6903.

[66] Xiaoxiao Hu, Weiqiang Zhang, Shengling Zhang, Jianhui Cong*, Ze Yang. (2023) Evaluation of the impact of international energy transition on energy security under China's carbon neutral target. Frontiers in Energy Research.

[67] IEA. Global Energy Review 2021[R]. Paris: IEA, 2021.

[68] Iranmanesh S, Salehi N, abdolmajid Jalaee S. Using the fuzzy logic approach to extract the index of economic sanctions in the Islamic Republic of Iran [J]. MethodsX, 2021, 8: 101301.

[69] Jaber J O, Elkarmi F, Alasis E, et al. Employment of renewable energy in Jordan: Current status, SWOT and problem analysis[J]. Renewable and Sustainable Energy Reviews, 2015, 49: 490-499.

[70] Jaffe A M. The role of the US in the geopolitics of climate policy and stranded oil reserves [J]. Nature Energy, 2016, 1(10): 1-4.

[71] Ji Q, Zhang H Y, Zhang D. The impact of OPEC on East Asian oil import security: A multidimensional analysis [J]. Energy Policy, 2019, 126: 99-107.

[72] Jianchao H, Ruoyu Z, Pingkuo L, et al. A review and comparative analysis on energy transition in major industrialized countries [J]. International Journal of Energy Research, 2021, 45(2): 1246-1268.

[73] Johansson B. A broadened typology on energy and security [J]. Energy, 2013, 53(5):199-205.

[74] Kalkuhl M, Steckel J C, Edenhofer O. All or nothing: Climate policy when assets can become stranded [J]. Journal of Environmental Economics and Management, 2020, 100: 102214.

[75] Keohane R O, Victor D G. Cooperation and discord in global climate policy [J]. Nature Climate Change, 2016, 6(6): 570-575.

[76] Khan K, Su C W, Umar M, et al. Geopolitics of technology: A new battleground? [J]. Technological and Economic Development of Economy, 2022, 28(2): 442-462.

[77] Kim T, Shin S Y. Competition or cooperation? The geopolitics of gas discovery

in the Eastern Mediterranean Sea [J]. Energy Research & Social Science, 2021, 74: 101983.

[78] Kisel E, Hamburg A, Härm M, et al. Concept for energy security matrix [J]. Energy Policy, 2016, 95: 1-9.

[79] Kitamura T, Managi S. Energy security and potential supply disruption: A case study in Japan [J]. Energy Policy, 2017, 110: 90-104.

[80] Koirala N P, Ma X. Oil price uncertainty and US employment growth [J]. Energy Economics, 2020, 91: 104910.

[81] Kothari R, Tyagi V V, Pathak A. Waste-to-energy: A way from renewable energy sources to sustainable development [J]. Renewable & Sustainable Energy Reviews, 2010, 14(9):3164-3170.

[82] Krane J, Medlock III K B. Geopolitical dimensions of US oil security [J]. Energy Policy, 2018, 114: 558-565.

[83] Krickovic A. When interdependence produces conflict: EU – Russia energy relations as a security dilemma [J]. Contemporary Security Policy, 2015, 36(1): 3-26.

[84] Kulkarni S S, Nathan H S K. The elephant and the tiger: Energy security, geopolitics, and national strategy in China and India's cross border gas pipelines [J]. Energy Research & Social Science, 2016, 11: 183-194.

[85] Le Coq C, Paltseva E. Measuring the security of external energy supply in the European Union [J]. Energy Policy, 2009, 37(11): 4474-4481.

[86] Le T H, Nguyen C P. Is energy security a driver for economic growth? Evidence from a global sample [J]. Energy Policy, 2019, 129: 436-451.

[87] Li B, Chang C P, Chu Y, et al. Oil prices and geopolitical risks: What implications are offered via multi-domain investigations? [J]. Energy & Environment, 2019, 31(3): 492-516.

[88] Li L, Cao X. Comprehensive effectiveness assessment of energy storage incentive mechanisms for PV-ESS projects based on compound real options [J]. Energy, 2022, 239: 121902.

[89] Lucas J N V, Francés G E, González E S M. Energy security and renewable energy deployment in the EU: Liaisons Dangereuses or Virtuous Circle? [J]. Renewable and Sustainable Energy Reviews, 2016, 62: 1032-1046.

[90] Ludkovski M, Sircar R. Game theoretic models for energy production [J]. Commodities, Energy and Environmentai Finance, 2015, 74: 317-333.

[91] Malik S, Qasim M, Saeed H, et al. Energy security in Pakistan: Perspectives and policy implications from a quantitative analysis[J]. Energy Policy, 2020, 144: 111552.

[92] Månsson A. Energy, conflict and war: towards a conceptual framework [J]. Energy Research & Social Science, 2014, 4: 106-116.

[93] Mebratu D. Sustainability and sustainable development: historical and

conceptual review [J]. Environmental Impact Assessment Review, 1998, 18(6): 493-520.

[94] Melek N Ç, Plante M, Yücel M K. Resource booms and the macroeconomy: The case of US shale oil[J]. Review of Economic Dynamics, 2021, 42: 307-332.

[95] Mikael W, Antto V. Geopolitics versus geoeconomics: the case of Russia's geostrategy and its effects on the EU [J]. International Affairs, 2016 (3): 605-627.

[96] Mirchi A, Hadian S, Madani K, et al. World energy balance outlook and OPEC production capacity: implications for global oil security [J]. Energies, 2012, 5(8): 2626-2651.

[97] Mohaddes K, Raissi M. The US oil supply revolution and the global economy [J]. Empirical Economics, 2019, 57(5): 1515-1546.

[98] Monge M, Gil-Alana L A, de Gracia F P. Crude oil price behaviour before and after military conflicts and geopolitical events [J]. Energy, 2017, 120: 79-91.

[99] Moreau V, Vuille F. Decoupling energy use and economic growth: Counter evidence from structural effects and embodied energy in trade [J]. Applied Energy, 2018, 215: 54-62.

[100] Moriarty P, Honnery D. Can renewable energy power the future? [J]. Energy Policy, 2016, 93:3-7.

[101] Nakhli S R, Rafat M, Dastjerdi R B, et al. Oil sanctions and their transmission channels in the Iranian economy: A DSGE model [J]. Resources Policy, 2021, 70: 101963.

[102] Nie P, Yang Y. Renewable energy strategies and energy security [J]. Journal of Renewable and Sustainable Energy, 2016, 8(6): 065903.

[103] Noguera-Santaella J. Geopolitics and the oil price [J]. Economic Modelling, 2016, 52: 301-309.

[104] Ouyang X, Wei X, Sun C, et al. Impact of factor price distortions on energy efficiency: Evidence from provincial-level panel data in China [J]. Energy Policy, 2018, 118: 573-583.

[105] Overland I. The geopolitics of renewable energy: Debunking four emerging myths [J]. Energy Research & Social Science, 2019, 49: 36-40.

[106] Palle A. Bringing geopolitics to energy transition research [J]. Energy Research & Social Science, 2021, 81: 102233.

[107] Paltsev S. The complicated geopolitics of renewable energy [J]. Bulletin of the Atomic Scientists, 2016, 72(6): 390-395.

[108] Popova L, Rasoulinezhad E. Have sanctions modified Iran's trade policy? An evidence of Asianization and De-Europeanization through the gravity model [J]. Economies, 2016, 4(4): 24.

[109] Rajavuori M, Huhta K. Investment screening: Implications for the energy

sector and energy security [J]. Energy Policy, 2020, 144: 111646.

[110] Rasoulinezhad E, Popova L. An estimation of the impact of economic sanctions and oil price shocks on Iran-Russian trade: Evidence from a gravity-VEC approach [J]. Iranian Economic Review, 2017, 21(3): 469-497.

[111] Rose A, Wei D, Paul D. Economic consequences of and resilience to a disruption of petroleum trade: The role of seaports in US energy security [J]. Energy Policy, 2018, 115: 584-615.

[112] San-Akca B, Sever S D, Yilmaz S. Does natural gas fuel civil war? Rethinking energy security, international relations, and fossil-fuel conflict [J]. Energy Research & Social Science, 2020, 70: 101690.

[113] Sattich T, Freeman D, Scholten D, et al. Renewable energy in EU-China relations: Policy interdependence and its geopolitical implications[J]. Energy Policy, 2021, 156: 112456.

[114] Scholten D, Bazilian M, Overland I, et al. The geopolitics of renewables: New board, new game [J]. Energy Policy, 2020, 138: 111059.

[115] Shafiei S, Salim R A. Non-renewable and renewable energy consumption and CO_2 emissions in OECD countries: a comparative analysis [J]. Energy Policy, 2014, 66: 547-556.

[116] Shapovalova D, Galimullin E, Grushevenko E. Russian Arctic offshore petroleum governance: The effects of western sanctions and outlook for northern development [J]. Energy Policy, 2020, 146: 111753.

[117] Shepard J U, Pratson L F. Hybrid input-output analysis of embodied energy security [J]. Applied Energy, 2020, 279: 115806.

[118] Shi J, Li H, Guan J, et al. Evolutionary features of global embodied energy flow between sectors: a complex network approach [J]. Energy, 2017, 140: 395-405.

[119] Song Y, Zhang M, Sun R. Using a new aggregated indicator to evaluate China's energy security [J]. Energy Policy, 2019, 132: 167-174.

[120] Sovacool B K, Kryman M, Laine E. Profiling technological failure and disaster in the energy sector: A comparative analysis of historical energy accidents [J]. Energy, 2015, 90(OCT.PT.2):2016-2027.

[121] Su C W, Khan K, Umar M, et al. Does renewable energy redefine geopolitical risks? [J]. Energy Policy, 2021, 158: 112566.

[122] Sun M, Gao C, Shen B. Quantifying China's oil import risks and the impact on the national economy [J]. Energy Policy, 2014, 67: 605-611.

[123] Sun X, Liu C, Chen X, et al. Modeling systemic risk of crude oil imports: Case of China's global oil supply chain [J]. Energy, 2017, 121: 449-465.

[124] Tabrizi A, Santini R. EU sanctions against Iran: New wine in old bottles. [J]. ISPI Analysis, 2012, 97: 1-7.

[125] Tongsopit S, Kittner N, Chang Y, et al. Energy security in ASEAN: A

quantitative approach for sustainable energy policy[J]. Energy Policy, 2016, 90: 60-72.

[126] Truong T. VGTAP&E: Incorporating Energy Substitution into GTAP Model. V GTAP Technical Paper [J]. Center for Global Trade Analysis, Purdue University, 1999.

[127] Umechukwu C, Olayungbo D O. US oil supply shocks and economies of oil-exporting African countries: A GVAR-Oil Resource Analysis [J]. Resources Policy, 2022, 75: 102480.

[128] Vakulchuk R, Overland I, Scholten D. Renewable energy and geopolitics: A review [J]. Renewable and Sustainable Energy Reviews, 2020, 122: 109547.

[129] Valentine S V. Emerging symbiosis: Renewable energy and energy security [J]. Renewable and Sustainable Energy Reviews, 2011, 15(9): 4572-4578.

[130] Van de Graaf T, Colgan J D. Russian gas games or well-oiled conflict? Energy security and the 2014 Ukraine crisis [J]. Energy Research & Social Science, 2017, 24: 59-64.

[131] Wang B, Wang Q, Wei Y M, et al. Role of renewable energy in China's energy security and climate change mitigation: An index decomposition analysis [J]. Renewable and Sustainable Energy Reviews, 2018, 90: 187-194.

[132] Wang D, Tian S, Fang L, et al. A functional index model for dynamically evaluating China's energy security [J]. Energy Policy, 2020, 147: 111706.

[133] Wang Q, Li S, Li R. Forecasting energy demand in China and India: Using single-linear, hybrid-linear, and non-linear time series forecast techniques [J]. Energy, 2018, 161: 821-831.

[134] Wen J, Zhao X, Wang Q J, et al. The impact of international sanctions on energy security [J]. Energy & Environment, 2021, 32(3): 458-480.

[135] Werner M J, Kampouridi J, Ryzgelyte L. Undertakings caught in the crossfire: US sanctions on Iran vs. the EU Blocking Regulation and possible compensation as State aid [J]. ERA Forum, 2019, 20(1): 63-79.

[136] Wu X F, Chen G Q. Global primary energy use associated with production, consumption and international trade [J]. Energy Policy, 2017, 111: 85-94.

[137] Yao L, Shi X, Andrews-Speed P. Conceptualization of energy security in resource-poor economies: The role of the nature of economy [J]. Energy Policy, 2018, 114: 394-402.

[138] Yu S, Horing J, Liu Q, et al. CCUS in China's mitigation strategy: insights from integrated assessment modeling [J]. International Journal of Greenhouse Gas Control, 2019, 84: 204-218.

[139] Yuan M, Zhang H, Wang B, et al. Downstream oil supply security in China: Policy implications from quantifying the impact of oil import disruption [J]. Energy Policy, 2020, 136: 111077.

[140] Zhang C, Chen X. The impact of global oil price shocks on China's bulk

参考文献

commodity markets and fundamental industries [J]. Energy Policy, 2014, 66: 32-41.

［141］ 陈凯，郑畅，史红亮. 能源安全评价 [M]. 北京：经济科学出版社，2013.

［142］ 程承，王震，薛庆，等. 国际原油供给新变革下的寡头合作竞争博弈分析 [J]. 石油科学通报，2017，2(1)：142-150.

［143］ 程中海，南楠，张亚如. 中国石油进口贸易的时空格局、发展困境与趋势展望 [J]. 经济地理，2019，39(2)：1-11.

［144］ 迟春洁. 能源安全预警研究 [J]. 统计与决策，2006 (22)：29-31.

［145］ 崔宏伟. 欧盟能源安全战略分析的三种理论视角 [J]. 德国研究，2010，25(3)：32-38.

［146］ 崔连标，韩建宇，孙加森. 全球化背景下的国际贸易隐含能源研究 [J]. 国际贸易问题，2014(5)：113-123.

［147］ 崔守军，蔡宇，姜墨骞. 重大技术变革与能源局势转型 [J]. 自然资源学报，2020，35(11)：2585-2595.

［148］ 范爱军，万佳佳. 基于因子分析法的中国能源安全综合评价 [J]. 开发研究，2018(2)：91-97.

［149］ 方行明，魏静，郭丽丽. 可持续发展理论的反思与重构 [J]. 经济学家，2017(3)：24-31.

［150］ 富景筠. 新冠疫情冲击下的能源市场、局势与全球能源治理 [J]. 东北亚论坛，2020，29(4)：99-112.

［151］ 富景筠. 页岩革命与美国的能源新权力 [J]. 东北亚论坛，2019，28(2)：113-126.

［152］ 顾欣，张玮强，金杰，等. "一带一路"倡议下电力互联市场的投资风险研究 [J]. 东南大学学报（哲学社会科学版），2020，22(3)：9.

［153］ 国家统计局. 能源总消费 [EB/OL]. (2020-01-18) [2020-10-24]. https://data.stats.gov.cn/.

［154］ 国家统计局. 石油平衡表 [EB/OL]. (2020-01-18) [2020-10-24]. https://data.stats.gov.cn/.

［155］ 国家统计局工业交通统计司. 中国能源统计年鉴 [M]. 北京：中国统计出版社，2021.

［156］ 海关总署. 海关统计数据在线查询平台 [DB/OL].(2021-04-05) [2022-03-22]. http://43.248.49.97/.

［157］ 韩梦瑶，熊焦，刘卫东. 中国跨境能源贸易及隐含能源流动对比——以"一带一路"能源合作为例 [J]. 自然资源学报，2020，35(11)：2674-2686.

［158］ 胡剑波，吴杭剑，胡潇. 基于PSR模型的我国能源安全评价指标体系构建 [J]. 统计与决策，2016(8)：62-64.

［159］ 胡纾寒，钟帅，沈镭，等. 美国全面制裁伊朗对中国能源安全的影响与对策建议 [J]. 中国矿业，2018，27(10)：52-58.

［160］ 胡志丁，葛岳静，徐建伟，等. 空间与经济地理学理论构建 [J]. 地理科学进展，2012，31(6)：676-685.

［161］ 黄维和，韩景宽，王玉生，等. 我国能源安全战略与对策探讨 [J]. 中国工程科学，

2021, 23(1)：112-117.

[162] 杰弗里·帕克.地缘政治学：过去、现在和未来 [M].刘从德，译.北京：新华出版社，2003：24-25.

[163] 邝艳湘，向洪金.国际政治冲突的贸易破坏与转移效应——基于中日关系的实证研究 [J].世界经济与政治，2017(9)：139-155.

[164] 蕾切尔·卡逊.寂静的春天 [M].吕瑞兰，李长生，译.长春：吉林人民出版社，1997.

[165] 李爽，史翊翔，蔡宁生.面向能源转型的化石能源与可再生能源制氢技术进展 [J/OL].清华大学学报（自然科学版）：1-8[2022-04-04].DOI:10.16511/j.cnki.qhdxxb.2022.25.039.

[166] 李晓灿.可持续发展理论概述与其主要流派 [J].环境与发展，2018，30(6)：221-222.

[167] 李勇慧."北溪 - 2"天然气管道背后的局势博弈 [J].世界知识，2020(2)：44-45.

[168] 李振福，邓昭."通权论"：新型地缘政治理论体系 [J].学术探索，2021(12)：40-50.

[169] 梁海峰，李颖.美国石油崛起推动世界石油格局重大变化下中国能源安全的风险及对策 [J].中国矿业，2019，28(7)：7-12.

[170] 林卫斌，陈丽娜.世界能源格局走势分析 [J].开放导报，2016(12)：1133-1143.

[171] 刘从德.地缘政治学导论 [M].北京：中国人民大学出版社，2010：9.

[172] 刘会政，李雪珊.我国对外贸易隐含能源的测算及分析——基于 MRIO 模型的实证研究 [J].国际商务（对外经济贸易大学学报），2017 (2)：38-48.

[173] 刘立涛，沈镭，高天明，等.中国能源安全评价及时空演进特征 [J].地理学报，2012，67(12)：1634-1644.

[174] 刘新，张玉玮，钟显东，等.美国典型页岩油气藏水平井压裂技术 [J].大庆石油地质与开发，2014，33(6)：160-164.

[175] 刘增明，黄晓勇，李梦洋.中间产品国际贸易内涵能源的核算与国际比较 [J].管理世界，2021，37(12)：109-128.

[176] 龙涛，陈其慎，于汶加，等.全球能源供需新格局研究 [J].中国矿业，2019，28(12)：63-66.

[177] 栾锡武，石艳锋.中国油气资源安全从本地保障到全局保障 [J].科学技术与工程，2019，19(34)：17-24.

[178] 马克思，恩格斯.马克思恩格斯全集 [M].北京：人民出版社，1995.

[179] 牛文元.可持续发展理论的内涵认知——纪念联合国里约环发大会 20 周年 [J].中国人口·资源与环境，2012，22(5)：9-14.

[180] 牛文元.可持续发展理论内涵的三元素 [J].中国科学院院刊，2014，29(4)：410-415.

[181] 任龙.以生态资本为基础的经济可持续发展理论研究 [D].青岛：青岛大学，2016.

[182] 任娜.能源安全与当代大国关系——以中日关系为例 [D].济南：山东大学，2007.

[183] 史丹.中国能源安全结构研究 [M].北京：社会科学文献出版社，2015.

［184］王锋，高长海.中国产业部门隐含能源的测度、分解与跨境转移——基于 CRIO 模型的研究 [J].经济问题探索，2020(9)：1-11.

［185］王礼茂，方叶兵.国家石油安全评估指标体系的构建 [J].自然资源学报，2008，23(5)：821-831.

［186］王林辉，杨洒洒，刘备.技术进步能源偏向性、能源消费结构与中国能源强度 [J].东北师大学报（哲学社会科学版），2022(1)：13.

［187］王林秀，邹艳芬，魏晓平.基于 CGE 和 EFA 的中国能源使用安全评估 [J].中国工业经济，2009(4)：85-93.

［188］吴初国，刘增洁，崔荣国.能源安全状况的定量评价方法 [J].国土资源情报，2011 (1)：40-44.

［189］吴凡，桑百川，谢文秀.贸易摩擦视角下的中美两国能源合作现状、空间及策略 [J].亚太经济，2018(6)：55-59.

［190］吴巧生，王华，成金华.中国能源战略评价 [J].中国工业经济，2002(6)：13-21.

［191］伍福佐.能源消费国家间的能源国际合作：一种博弈的分析 [D].上海：复旦大学，2007.

［192］肖依虎.经济全球化下的中国能源安全战略研究 [D].武汉：武汉大学，2010.

［193］熊琛然，王礼茂，张超，等.俄罗斯与中日两国能源地缘经济合作关系评价 [J].资源科学，2019，41(9)：1665-1674.

［194］熊兴，胡宗山.国际能源合作的政治学理论述评 [J].深圳大学学报（人文社会科学版），2015，32(5)：45-49.

［195］徐玲琳，王强，李娜，等.20 世纪 90 年代以来世界能源安全时空格局演化过程 [J].地理学报，2017，72(12)：2166-2178.

［196］闫绪娴，范玲，阮嘉珺.“一带一路”沿线国家台风灾害关联经济损失研究——以 2018 年"山竹"台风灾害为例 [J].灾害学，2021，36(1)：7-12.

［197］杨宇，刘毅，金凤君.能源地缘政治视角下中国与中亚—俄罗斯国际能源合作模式 [J].地理研究，2015(2)：213-224.

［198］杨宇.中国与全球能源网络的互动逻辑与格局转变 [J].地理学报，2022，77(2)：295-314.

［199］杨泽伟.中国能源安全问题：挑战与应对 [J].世界经济与政治，2008(8)：52-60.

［200］叶红雨，李奕杰.环境规制、偏向性技术进步与能源效率 [J].华东经济管理，2022，36(4)：97-106.

［201］余家豪.全球能源转型带来的局势风险 [J].能源，2019(3)：90-91.

［202］张怀民，郝传宇.从地缘政治理论的历史与现状看其发展趋势 [J].现代国际关系，2013(2)：52-57.

［203］张生玲，胡晓晓.中国能源贸易形势与前景 [J].国际贸易，2020(9)：22-30.

［204］张生玲，林永生.中国能源安全：理论与政策 [M].北京：经济科学出版社，2015.

［205］张文木.中国能源安全与政策选择 [J].世界经济与政治，2003(5)：11-16.

［206］张晓玲.可持续发展理论：概念演变、维度与展望 [J].中国科学院院刊，2018，33(1)：10-19.

［207］张晓涛，易云锋.美国能源新政对全球能源格局的影响与中国应对策略——特朗普执政以来的证据 [J].中国流通经济，2019(8)：72-79.

［208］郑国富.中国原油进口贸易发展的现状、问题及完善——以 2001—2018 年数据为例 [J].对外经贸实务，2019(5)：72-74.

［209］郑璐.全球价值链嵌入对中国出口贸易隐含碳的影响研究 [D].北京：北京交通大学，2021.

［210］周蕾，吴先华，高歌.基于 MRIO 模型的"一带一路"典型国家气象灾害间接经济损失分析——以 2014 年中国"威马逊"台风灾害为例 [J].自然灾害学报，2018，27(5)：1-11.

［211］周泳宏，王璐.国际政治冲突对贸易的影响分析——以中日关系为例 [J].中国经济问题，2019(3)：54-67.

［212］邹才能，马锋，潘松圻，等.论地球能源演化与人类发展及碳中和战略 [J].石油勘探与开发，2022，49(2)：411-428.

参考文献

附表1

本研究与 GTAP V10 数据库之间的区域匹配

国家或地区合并	GTAP V10 原始数据库
中国	中国
其他东亚	中国香港、蒙古国、中国台湾和东亚其他地区
日本	日本
韩国	韩国
东盟	文莱达鲁萨兰国、柬埔寨、印度尼西亚、老挝人民民主共和国、马来西亚、菲律宾、新加坡、泰国、越南和东南亚其他国家
印度	印度
其他南亚	孟加拉国、尼泊尔、巴基斯坦、斯里兰卡和南亚其他地区
加拿大	加拿大
美国	美国
拉丁美洲	墨西哥、北美其他地区、阿根廷、玻利维亚、巴西、智利、哥伦比亚、厄瓜多尔、巴拉圭、秘鲁、乌拉圭、南美洲其他地区、哥斯达黎加、危地马拉、洪都拉斯、尼加拉瓜、巴拿马、萨尔瓦多、中美洲其他地区、多米尼加共和国、牙买加、波多黎各、特立尼达和多巴哥、加勒比
委内瑞拉	委内瑞拉
欧盟	奥地利、比利时、保加利亚、克罗地亚、塞浦路斯、捷克共和国、丹麦、爱沙尼亚、芬兰、法国、德国、希腊、匈牙利、爱尔兰、意大利、拉脱维亚、立陶宛、卢森堡、马耳他、荷兰、波兰、葡萄牙、罗马尼亚、斯洛伐克、斯洛文尼亚、挪威、阿尔巴尼亚
俄罗斯	俄罗斯
中亚	哈萨克斯坦、吉尔吉斯斯坦、塔吉克斯坦和苏联其他国家
波斯湾国家	巴林、科威特、卡塔尔、沙特阿拉伯、阿拉伯联合酋长国、西亚其他地区
伊朗	伊朗
其他中东和北非地区	以色列、约旦、阿曼、土耳其、埃及、摩洛哥、突尼斯、北非其他地区
撒哈拉以南非洲	贝宁、布基纳法索、喀麦隆、科特迪瓦、加纳、几内亚、尼日利亚、塞内加尔、多哥、西非其他地区、中非、中南部非洲、埃塞俄比亚、肯尼亚、马达加斯加、马拉维、毛里求斯、莫桑比克、卢旺达、坦桑尼亚、乌干达、赞比亚、津巴布韦、东非其他国家、博茨瓦纳、纳米比亚、南非、南非关税同盟其他国家
其他	全球其他地方

附表 2

本研究与 GTAP V10 数据库之间的产业部门匹配

部门合并	GTAP V10 原始数据库
农业	水稻、小麦、谷物等，蔬菜、水果、坚果、油籽、甘蔗、甜菜、植物纤维、农作物等，牛、绵羊和山羊、马、动物产品等，生牛奶、羊毛，蚕茧，林业，钓鱼
煤炭	煤炭
石油	石油
天然气	天然气
矿产品	其他提取物（矿产品等）
加工食品	牛肉制品、肉类制品等，植物油脂、乳制品、加工大米、糖、食品等，饮料和烟草制品
轻工业	纺织品、服装、皮革制品、木制品、纸制品、出版
石油制品	石油、煤炭产品
化工产品	化工产品、基础医药产品、橡胶和塑料制品
重工业	矿产品等，黑色金属、金属等，金属产品、计算机、电子和光学产品、电气设备、机械和设备等，机动车辆和零部件、运输设备等，制造商等
电力	电力
供气	天然气制造、销售
建筑业	建筑业
服务业	水、贸易、住宿、食品和服务活动、运输等，水运、航空运输、仓储和支持活动、通信、金融服务等，保险、房地产活动、商业服务等，娱乐和其他服务，公共行政和国防、教育、人类健康和社会工作活动、住宅

附表 3

世界投入产出表部门合并结果

序号	WIOD（22 部门）	WIOD（56 部门）
1	农林牧渔业	1. 作物和动物生产、狩猎及相关服务活动 2. 林业和伐木 3. 渔业和水产养殖
2	采掘业	4. 采矿和采石
3	食品制造及烟草加工业	5. 食品、饮料和烟草制品的制造
4	纺织服装业	6. 纺织品、服装和皮革制品的制造
5	木材加工制品业	7. 木材及木材和软木制品（家具除外）的制造；稻草和编织材料制品的制造
6	造纸印刷及文教体育用品制造业	8. 纸和纸制品的制造 9. 记录媒体的打印和复制
7	石油加工及炼焦业	10. 焦炭和精炼石油产品的制造
8	化学工业	11. 化学品和化学产品的制造 12. 基本药品和药物制剂的制造 13. 橡胶和塑料制品的制造
9	金属品冶炼及制品业	15. 基本金属的制造 16. 制造金属制品，机械和设备除外
10	高技术制造业	17. 计算机、电子和光学产品的制造
11	交通运输设备制造业	20. 汽车、挂车和半挂车的制造 21. 其他运输设备的制造
12	其他制造业	14. 其他非金属矿产品的制造 18. 电气设备制造 19. 机械和设备制造，不另做说明 22. 家具制造；其他制造业
13	电力与热力供应业	24. 电力、燃气、蒸汽和空调供应
14	水的供应业	25. 水的收集、处理和供应
15	废弃资源综合利用业	26. 污水处理，废物收集、处理和处置活动；材料回收；补救活动和其他废物管理服务

序号	WIOD（22部门）	WIOD（56部门）
16	建筑业	27.建设
17	批发和零售业	28.汽车和摩托车的批发和零售贸易及维修 29.批发贸易，机动车辆和摩托车除外 30.零售业，机动车辆和摩托车除外
18	交通运输业	31.陆路运输和管道运输 32.水运 33.空运 34.仓储和运输支持活动 35.邮政和信使活动
19	住宿和餐饮	36.住宿和餐饮服务活动
20	金融业	41.金融服务活动，保险和养老基金除外 42.保险、再保险和养老基金，强制社会保障除外 43.金融服务和保险活动的辅助活动
21	房地产业	44.房地产活动
22	其他行业	23.机械和设备的维修和安装 37.出版活动 38.电影、录像和电视节目制作、录音和音乐出版活动；节目和广播活动 39.电信 40.计算机编程、咨询和相关活动；信息服务活动 45.法律和会计活动；总部的活动；管理咨询活动 46.建筑和工程活动；技术测试与分析 47.科学研究与发展 48.广告与市场研究 49.其他专业、科学和技术活动；兽医活动 50.行政和支助服务活动 51.公共行政和国防；强制性社会保障 52.教育 53.人类健康和社会工作活动 54.其他服务活动 55.家庭作为雇主的活动；家庭自用的无差别商品和服务生产活动 56.域外组织和机构的活动

附表